前沿科技视点丛书

汤书昆 主编

细胞智慧

黄 蓓 叶

SPM 南方出版传媒

全国优秀出版社 全国百佳图书出版单位 广东教育出版社

·广州·

图书在版编目（CIP）数据

细胞智慧 / 黄蓓，叶守东编著. —广州：广东教育出版社，2021.8

（前沿科技视点丛书 / 汤书昆主编）

ISBN 978-7-5548-4077-1

Ⅰ. ①细… Ⅱ. ①黄… ②叶… Ⅲ. ①细胞学—青少年读物 Ⅳ. ①Q2-49

中国版本图书馆CIP数据核字（2021）第110774号

项目统筹：李朝明

项目策划：李敏怡 李杰静

责任编辑：尚 宇

责任技编：佟长缨

装帧设计：邓君豪

细胞智慧

XIBAO ZHIHUI

广 东 教 育 出 版 社 出 版 发 行

（广州市环市东路472号12-15楼）

邮政编码：510075

网址：http://www.gjs.cn

广东新华发行集团股份有限公司经销

广州市一丰印刷有限公司印刷

（广州市增城区新塘镇民营西一路5号）

787毫米×1092毫米 32开本 4.375印张 87 500字

2021年8月第1版 2021年8月第1次印刷

ISBN 978-7-5548-4077-1

定价：29.80元

质量监督电话：020-87613102 邮箱：gjs-quality@nfcb.com.cn

购书咨询电话：020-87615809

丛书编委会名单

前　言

自2020年起，教育部在北京大学、中国人民大学、清华大学等36所高校开展基础学科招生改革试点（简称“强基计划”）。强基计划主要选拔培养有志于服务国家重大战略需求且综合素质优秀或基础学科拔尖的学生，聚焦高端芯片与软件、智能科技、新材料、先进制造和国家安全等关键领域以及国家人才紧缺的人文社会学科领域。这是新时代国家实施选人育人的一项重要举措。

由于当前中学科学教育知识的系统性和连贯性不足，教科书的内容很少也难以展现科学技术的最新发展，致使中学生对所学知识将来有何用途，应在哪些方面继续深造发展感到茫然。为此，中国科普作家协会科普教育专业委员会和安徽省科普作家协会联袂，邀请生命科学、量子科学等基础科学，激光科技、纳米科技、人工智能、太阳电池、现代通信等技术科学，以及深海探测、探月工程等高技术领域的一线科学家或工程师，编创“前沿科技视点丛书”，以浅显的语言介绍前沿科技的最新发展，让中学生对前沿科技的基本理论、发展概貌及应用情况有一个大致了解，以强化学生参与强基计划的原动力，为我国后备人才的选拔、培养夯实基础。

本丛书的创作，我们力求小切入、大格局，兼顾基础性、科学性、学科性、趣味性和应用性，系统阐释基本理论及其应用前景，选取重要的知识点，不拘泥于知识本体，尽可能植入有趣的人物和事件情节等，以揭示其中蕴藏的科学方法、科学思想和科学精神，重在引导学生了解、熟悉学科或领域的基本情况，引导学生进行职业生涯规划等。本丛书也适合对科学技术发展感兴趣的广大读者阅读。

本丛书的出版得到了国内外一些专家和广东教育出版社的大力支持，在此一并致谢。

中国科普作家协会科普教育专业委员会

安徽省科普作家协会

2021年8月

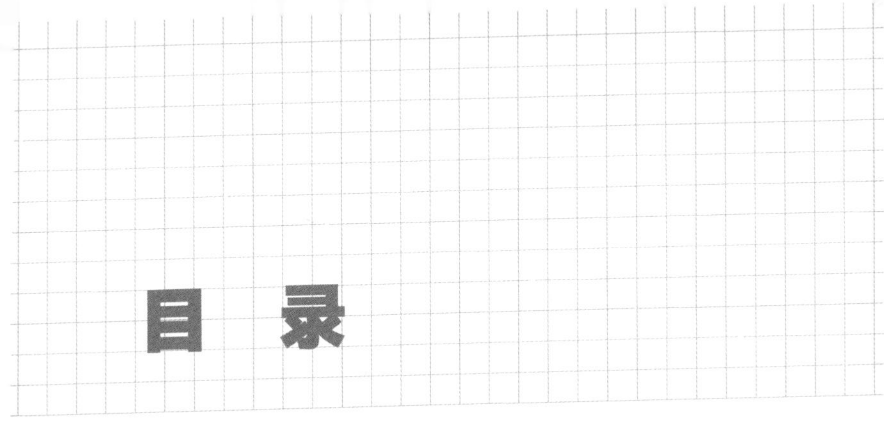

目　录

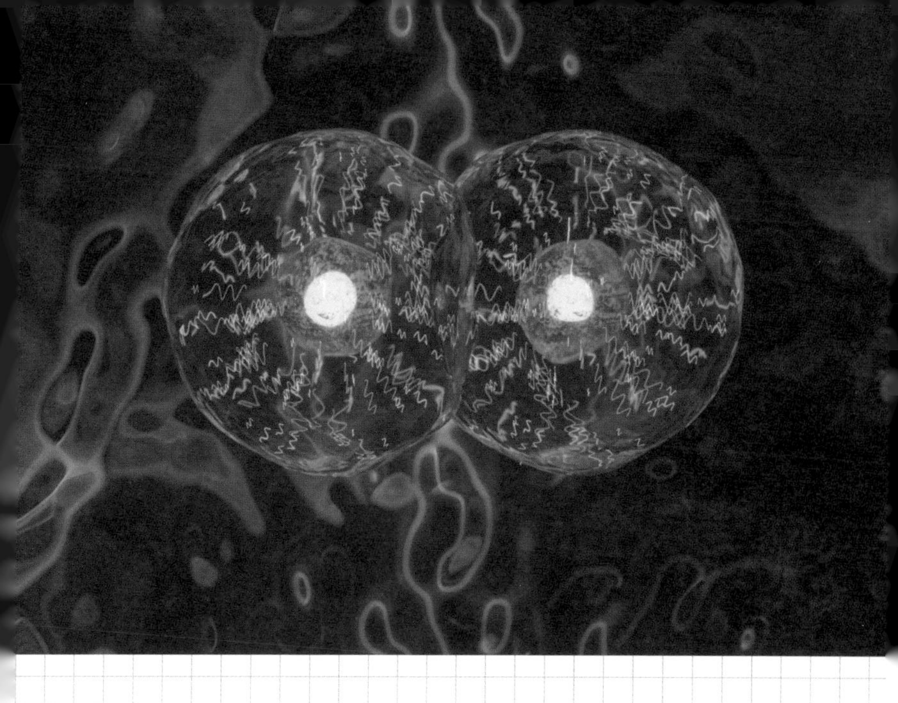

第一章　细胞诞生之旅

在45亿年前，地球诞生之初并没有生命。大约5亿年后，地球上才出现了一些种类不同的细菌和其他有机物，这些简单的生物统治地球近20亿年。后来，大约在22亿年前，一种新的生命类型，也就是我们今天所熟悉的多细胞生物——地球动植物的祖先诞生了！

老祖先究竟是怎样诞生的呢？它们最初是什么模样？生命密码很复杂吗？是什么驱动了生命的进程？

1.1 烧瓶里的原始生物分子

生命起源和进化的谜题看似简单，其实非常难破解，因为相关的化石证据很难寻到。尽管如此，科学家们经过艰难探索，还是找到了一些破解谜题的线索，并获得了初步答案。

德国化学家弗里德里希·维勒，幼时喜欢化学，尤其对化学实验感兴趣。1820年，他进入马尔堡医科大学学医，仍常进行化学实验。1821年到海德堡大学，拜著名化学家利奥波德·格梅林和生理学家弗里德里希·蒂德曼为师。1823年，维勒取得外科医学博士学位。毕业后在贝采里乌斯的实验室工作一年，之后曾在法兰克福、柏林等地的学校任教。

1824年维勒在研究氰酸铵的合成时发现：在氰酸中加入氨水后，蒸干得到的白色晶体并不是铵盐。1828年，他证实了这个实验的产物是尿素。维勒将自己的发现和实验过程写成题为《论尿素的人工制成》的论文，发表在1828年《物理学和化学年鉴》第12卷上。在此之前人们普遍认为：有机物只能依靠某种生命力在动物或植物体内产生，人工只能合成无机物而不能合成有机物。

人工合成尿素不仅为维勒本人赢得了荣誉，在化学史上也具有重大意义。它填补了生命力论中无机物同有机物之间的鸿沟。弗里德里希·恩格斯曾指出，维勒合成尿素，扫除了人类对有机物神秘性的迷思。尽管这一发现最初仅限于几个孤立的个别事例，而且在生命力论者看来，尿素不是真正的有机物，只是动物机体的排泄物，且易于分解成氨和二氧化碳，是一种有机物和无机物之间的过渡产物。在当时，真正的有机物还没有被人工合成。但维勒提出的有机合成的新概念，促使了以后关于乙酸、脂肪、糖类物质等一系列有机物合成实验的成功。维勒的实验结果说明，生命体内的物质是可以在实验室里被制造出来的。1982年，维勒去世100周年的时候，德国专门发行了一枚邮票以纪念维勒的人工合成尿素实验。

◆弗里德里希·维勒

1952年，当时还是芝加哥大学博士新生的斯坦利·米勒对地球生命的起源问题产生了浓厚的兴趣，在得到自己导师的支持后，他做了一个特别有科幻色彩的实验。米勒模拟远古地球的环境，准备了一个很大的烧瓶，里面盛有澄清的水，用来模拟海洋，然后在烧瓶底下加热模拟原始海洋的高温。他在烧瓶里充上气体，包括甲烷、氨气、氢气，模拟原始的地球大气。他还在烧瓶里通电，激发出电火花，模拟远古地球大气的电闪雷鸣。结果，实验才进行了一天，“奇迹”就发生了。“海洋”不再是澄清无色的，而是变成了粉红色，这说明肯定有一些新的化学物质产生了。他还惊讶地发现：“海洋”中居然出现了几种氨基酸，而氨基酸是组成蛋白质的基本单位。在几十亿年的地球演化进程中，海洋里生成的生命所需的所有氨基酸乃至蛋白质，理论上都应该能被制造出来。

米勒去世之后，他的学生又一次分析了米勒实验烧瓶中的化学物质，发现产生的氨基酸不止几种，而是多达数十种。从人工合成尿素实验到米勒实验，科

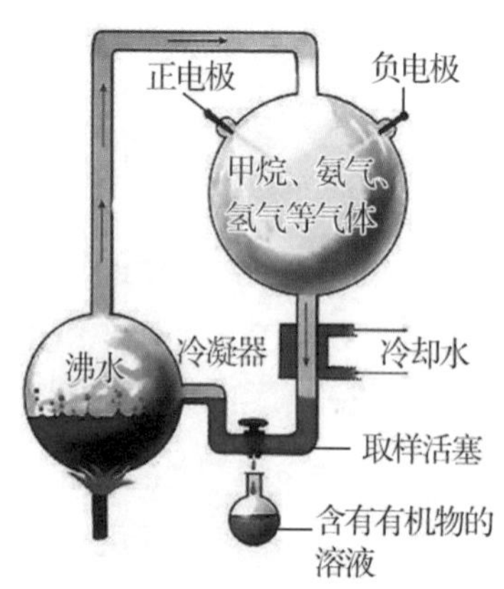

◆斯坦利·米勒的实验室与实验装置

学家终于可以断定，至少在物质水平上，生命没有什么特殊之处，完全可以被分析与理解。著名的量子物理学家埃尔文·薛定谔跨界写过一本生物科普书《生命是什么——活细胞的物理观》。他指出，尽管复杂的生命体中很可能会涌现出全新的规律，但是这些新规律绝对不会违背物理学规律。他的言论激励了大量物理学家投身于生命科学研究，开启了生命科学研究的黄金时代。

1.2 DNA 双螺旋与自我复制

地球环境不是永恒不变的。如果把时间尺度放大到生命演化的整个历程，我们就能发现，地球环境的变化远比沧海桑田来得剧烈。在几十亿年的地球生命史中，几乎所有环境指标，如温度、气压、太阳光强度、大气组成、土壤的化学成分等都发生过剧烈的变化。在20多亿年前，大气层中根本没有氧气。当时地球上的生命基本都是厌氧生物，它们可以在没有氧气的环境中生活。就在那个时候，地球发生了一次非常重大的环境变化，也就是“大氧化事件”，大量出现的氧气导致生物种类剧烈变化。而在“大氧化事件”之后，逐渐演化出来的生物，才开始学着利用氧气，在氧气中生活。

既然生命抵抗意外的能力很弱，地球环境又不断变化，诞生于远古地球的祖先们到底是如何一直活到今天的？这个问题的答案就是“自我复制”。因为自我复制能不停地繁衍子孙后代，即便其中一些个体因为意外事故死去，还是有足够数量的个体存活下来。自我复制是怎样帮助生命适应变化多端的地球环境呢？其方法就是不够精确的自我复制，每个生命个体的后代都或多或少与他们的父母有些差别。不够精确的自我复制给生物体在地球环境中提供了大量“试错”的生物样品，谁能活下来，谁就是胜利者。这可以用查尔斯·罗伯特·达尔文的“适者生存”理论来解释。科学家们估计，在这颗星球上可能有超过50亿种物种诞生过，而今天地球上仅存的只有其中的1%左右。即使像水螅这种几乎逃避了衰老和死亡的生物，在面临进化的竞争和意外的侵袭时，它仍然需要通过自我复制来持续适应多变的地球环境。

逻辑上，生命体需要一种能简单精确地记录和复制自身的物质。DNA全称为脱氧核糖核酸，其化学构

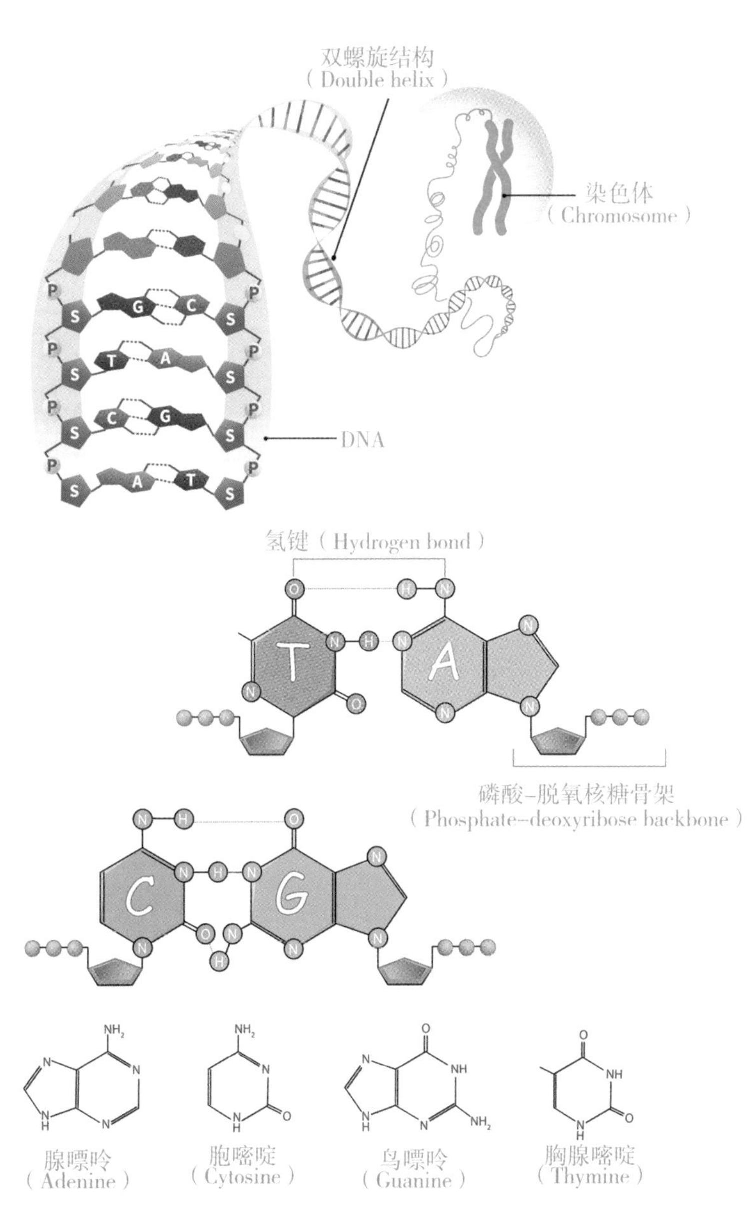
双螺旋结构
(Double helix)
染色体
(Chromosome)
DNA
P
S
G
C
T
A
氢键（Hydrogen bond）
O
H
N
磷酸–脱氧核糖骨架
(Phosphate–deoxyribose backbone)
NH2
NH
腺嘌呤
(Adenine)
胞嘧啶
(Cytosine)
鸟嘌呤
(Guanine)
胸腺嘧啶
(Thymine)

◆染色体与DNA

造比蛋白质简单，它是由四种碱基分子构成的链条。这四种碱基是腺嘌呤、鸟嘌呤、胸腺嘧啶和胞嘧啶，分别可用A、G、T、C这四个英文字母来表示。

20世纪上半叶已经有充足的科学证据证明DNA分子就是真正的遗传物质，但一个由A、T、C、G四种碱基分子串起来的长链，到底是怎样储存遗传信息并完成自我复制的呢？20世纪50年代，英国人罗莎琳·富兰克林通过X射线衍射的方法，揭示了DNA分子的三维结构。1953年，两位生物学家——詹姆斯·沃森和弗朗西斯·克里克提出了DNA的双螺旋模型，DNA复制的具体过程才开始慢慢浮现。

简单来说，我们可以把DNA看成一条一维线性的长链分子。长链上每一节链条为A、T、C、G四种碱基分子其中的一种，彼此之间会形成非常特殊的配对关系：A总是会和T配对，C则总是和G配对。可以想象，如果两条DNA分子上面的碱基顺序恰好能够一一配对，那么这两条长链就能平行地结合在一起，样子就有点像我们常见的梯子，这样一把柔软的长梯子会自己拧成一个右手螺旋状结构。这样一来，自我复制就非常容易实现了。在DNA分子需要复制的时候，两条长链可以分开，变成两条单链。然后，每一条DNA单链都可以继续根据碱基配对的原则，结合成新的碱基分子，重新配对结合后形成新的双链DNA。在这个过程中，每一条原始的DNA单链，都可以用来指

导一条新的DNA单链的合成，每一条新形成的双链DNA分子，里面都有一条原始的DNA单链和一条新的

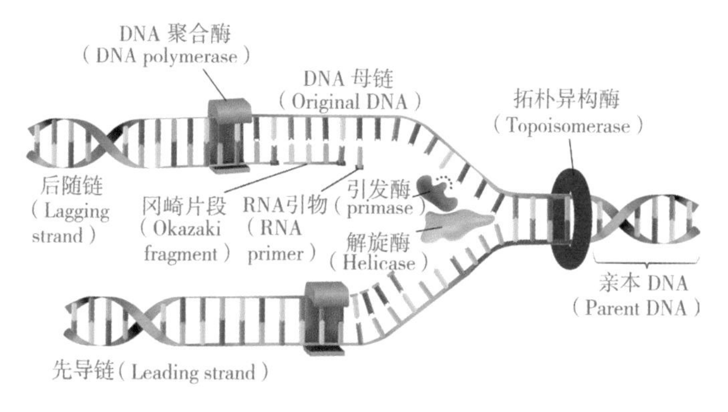

◆DNA复制

DNA单链。这个过程叫作半保留复制。

不得不说，双螺旋结构的发现为解开生命自我复制的秘密提供了思路，是现代科学发展的重要里程碑。

其实，DNA分子作为遗传信息的载体，它的精度是非常高的，高到复制10亿次才可能出错1次。这保证了遗传信息能够很好地代代相传。而偶然出现的错误，恰好又能给生物的变异和适应环境的变化提供可能。

1.3
RNA 世界与生命起源

一个生命体想要将DNA作为遗传信息的载体，光有DNA是远远不够的，它还得能够自我复制。在自我复制时，需要大量的蛋白质分子（酶类）来协助。比如，解旋酶帮它解开双螺旋结构；引物酶在DNA单链上设置一个自我复制的起点；DNA聚合酶把单个碱基搬运过来，装配成新的DNA链；等等。

遗传信息虽然保存在DNA中，但是仅凭DNA是发挥不了任何作用的，它需要表达成蛋白质才能发挥作用，这个过程需要RNA的参与。RNA就是核糖核酸，存在于生物细胞及部分病毒、类病毒中，是一种遗传信息载体。RNA的化学结构和DNA非常相似，都能记录遗传信息，有些RNA的功能相当于中介。

生物体中的RNA种类繁多，功能复杂，一般按照是否编码蛋白质将其分为编码RNA和非编码RNA两大类。前者就是指信使RNA（mRNA），后者则包括很多种，如转运RNA（tRNA）和核糖体（rRNA），参与mRNA剪接的snRNA， 参与RNA修饰的snoRNA，

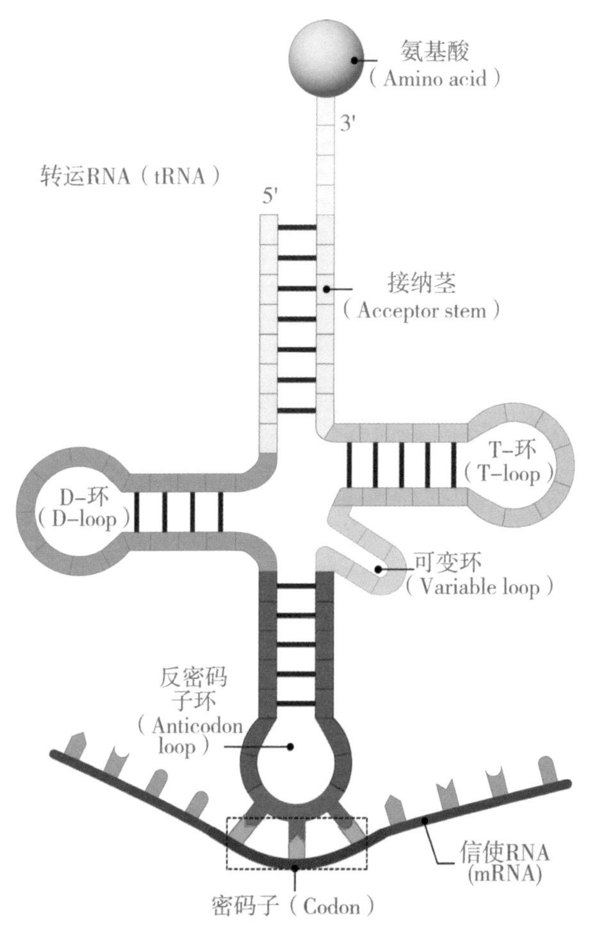

◆转动RNA（tRNA）和信使RNA（mRNA）

等等。常见的RNA主要有mRNA、tRNA和rRNA。其中rRNA是细胞内含量最多的一类RNA，占总量的82%。

DNA的转录是遗传信息从DNA流向RNA的过程。

即以双链DNA中确定的一条链为模板，以A、U、C、G四种核糖核苷酸为原料，以RNA聚合酶作为催化剂，根据碱基互补的原则合成前体mRNA。翻译是将成熟的mRNA分子中“碱基的排列顺序”（核苷酸序列）解码，并生成对应的特定氨基酸序列的过程。tRNA被称为转运RNA，是具有携带和转运氨基酸功能的，它是小分子核糖核酸。tRNA与mRNA是通过反密码子与密码子相互作用而发生关系的。RNA的翻译以mRNA为模板，将其中具有密码意义的核苷酸序列翻译成蛋白质中的氨基酸序列；rRNA形成核糖体亚基的骨架，而蛋白质结合于其上。核糖体的功能主要依赖于rRNA，核糖体蛋白质起着加强rRNA功能的作用。其中23S rRNA能够催化肽键的形成，即有转肽酶的作用。蛋白质主要是维持rRNA构象，起辅助作用。生成的肽链通过折叠修饰之后才能形成有一定空间结构的蛋白质。

RNA是如何被发现的呢？美国生物学家托马斯·罗伯特·切赫提出了自己的理论。1978年切赫到科罗拉多大学建立实验室，他关心的是RNA剪接的问题，即如何将RNA长链中那些多余的、无用的部分剪掉，只留下能直接指导氨基酸组装的部分。当时他认为，剪接肯定是蛋白质分子干的，因为绝大部分生物体内的生物化学反应都是由酶催化的。

切赫选取的研究对象是嗜热四膜虫，这是一种

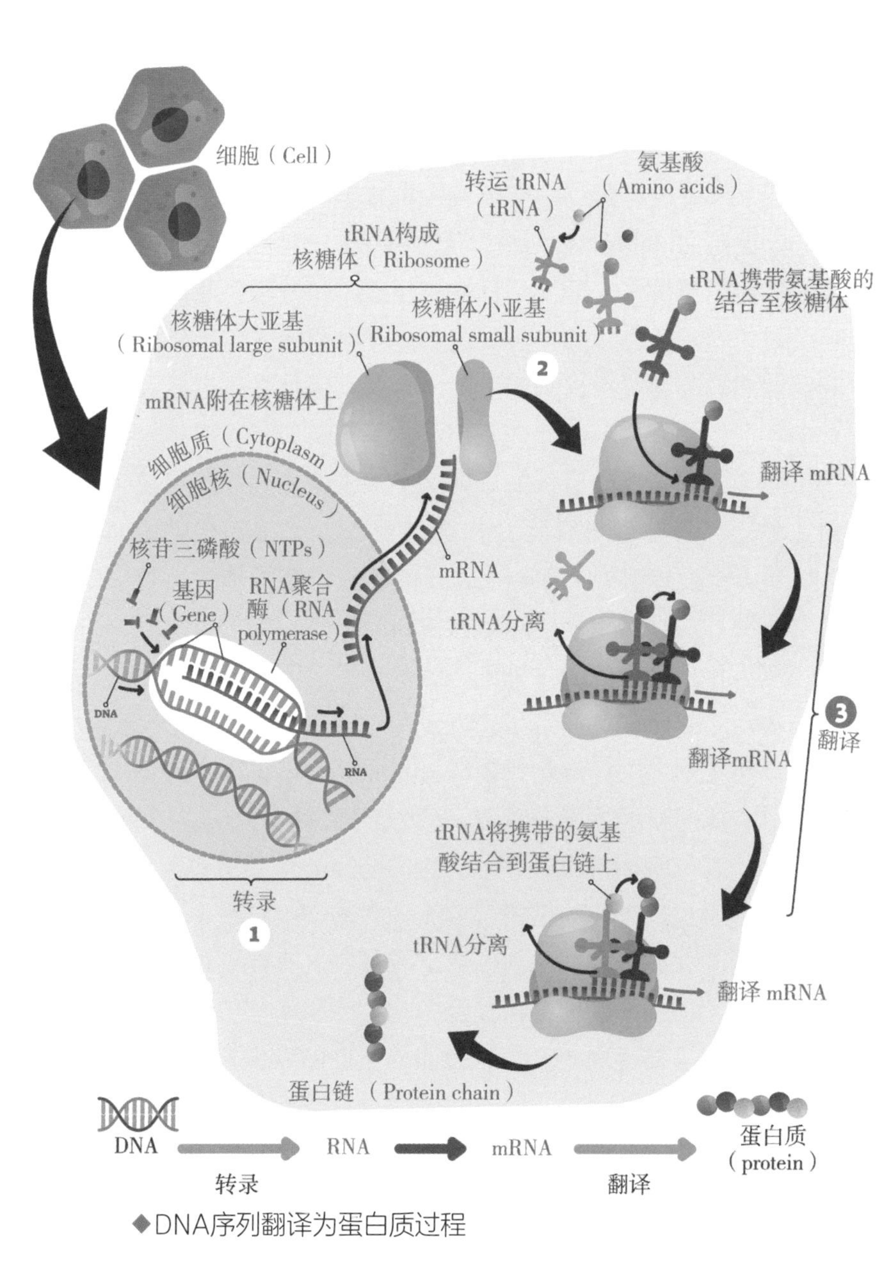

◆DNA序列翻译为蛋白质过程

广泛分布于淡水中的单细胞生物，易培养、个头大、方便显微操作。切赫先从大批嗜热四膜虫样本里提纯一批没有被切割的、完整的RNA分子，再同步提纯一大批蛋白质混合物。然后将这两种物质混合在一起，负责剪接的蛋白质找到目标RNA，RNA分子就应该会被切断和缝合，剪接步骤就完成了。但令人匪夷所思的是，从细胞里提纯出来的RNA，就算什么蛋白质都不加也会发生剪接反应。切赫的第一反应是：RNA样品是不是被污染了？如果把RNA清洗得更干净是不是就行了？忙碌了几年，什么结果都没有得到。到了1982年，他放弃了对RNA分子进行提纯的想法，打算直接在试管里合成一条新的RNA分子，新的RNA分子肯定是纯净的。没想到，这条理论上不可能被蛋白质污染的RNA，竟然也实现了自我剪接。切赫给这个新物质命名为“核酶”。核酶是RNA，能记录遗传信息，同时又很像蛋白质酶，可切割和拼接mRNA。

科学家们推论，在地球生命起源的早期，有可能就是RNA分子独立承担了今天分别属于DNA和蛋白质的功能，既能实现信息的存储和复制，又能催化各种生物化学反应。伴随着生物演化，RNA承担的两个职责分别被转移出去了，承载遗传信息的职责转移给了更稳定、更精确的DNA，推动生物化学反应的职责则转移给了更强大、更高效的蛋白质。这样一来RNA就彻底“退居二线”，只作为DNA和蛋白质二者之间的桥梁。因为发现了核酶，托马斯·罗伯特·切赫获得了1989年的诺贝尔化学奖。

截至2020年，还没有人在自然界中发现能够完整复制自身的RNA分子，但是在实验室里却有了重大突破。2013年，英国剑桥大学的科学家人工设计出

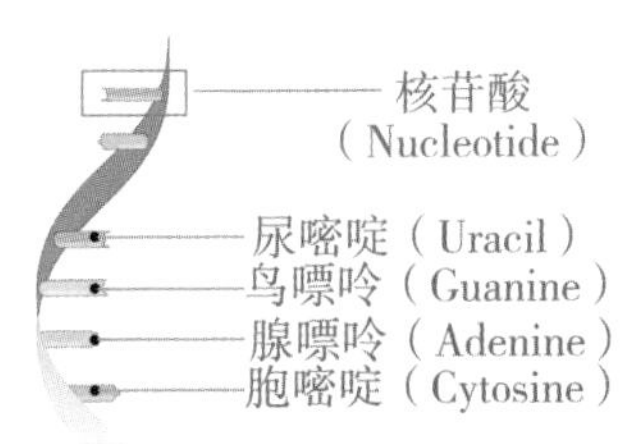

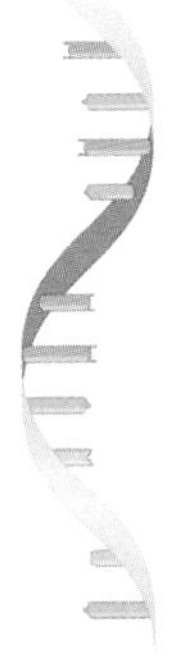

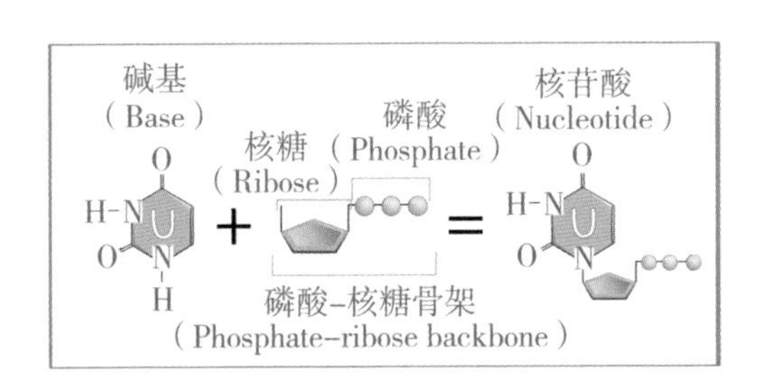

◆RNA结构

了能够完整复制自身的RNA分子。在此之后，人类设计的RNA分子已经可以在能量的帮助下完成高速和准确的自我复制了。

20世纪80年代末，著名的“RNA世界理论”被正式提出，这个理论的核心是“RNA这种生物大分子既能够存储遗传信息，又可以实现蛋白质的功能”。

生命最初的形态可能是RNA分子，今天的世界已经不是RNA的世界了，但在地球的一个隐秘角落里，它仍然是主角，那就是病毒世界。

病毒是一种介于生命和非生命之间的东西。为什么说它是生命呢？因为当病毒进入活细胞后，它立刻会活跃起来，病毒的遗传物质能马上利用活细胞内的物质指导生产新的蛋白质，也可以马上实现自我复制。当然，病毒本身携带的物质远不足以支撑这些生命活动，只有在宿主细胞“无意”的帮助下，它才能进行自我复制、繁殖后代的活动。在新一代病毒颗粒组装完成并离开宿主细胞之后，它又回到了非生命的状态。

如今，地球上除了病毒以外的所有生命形式，不管是动物、植物还是细菌、真菌，都使用DNA分子作为遗传信息的载体。但是在病毒世界里，却仍然有相当数量的病毒使用RNA作为唯一的遗传物质，当这些病毒颗粒进入人体细胞，它们的RNA分子能够在蛋白质的帮助下用RNA复制RNA，并借用宿主细胞的资源，合成病毒蛋白质外壳，组装出新的病毒颗粒并离开宿主细胞，入侵其他的人体细胞。

RNA在化学性质上不太稳定，自我复制的时候也较容易出错，但这对于病毒来说反而成了生存的优势。这些错误只需要短短几代的时间，就可以演化出完全不同的遗传信息，病毒就可以快速适应环境，获得生存机会。由于流感病毒表面的特征信号总是在变化中，所以人体的免疫细胞想要发现病毒并把它们清理掉，就变得非常困难。这也就是为什么有些病毒会经常性地在人群中流行，人们又难以开发出有效的疫苗和药物，这也可能是RNA在病毒世界里仍然是主角的原因。

1.4 生命的孵化器：细胞

物质、能量和自我复制功能是生命活动所必备的，三者必须互相协作才能发挥作用。所以，必须有这么一样东西，能把这三个要素聚集在一个非常狭小的空间范围内，让它们配合，传递能量、信息、物质，生命活动才有可能进行。这个东西就是生命的孵化器——细胞。有了细胞这个微小的结构，物质、能量、自我复制功能这三个支柱就能互相协作，开始生命活动。

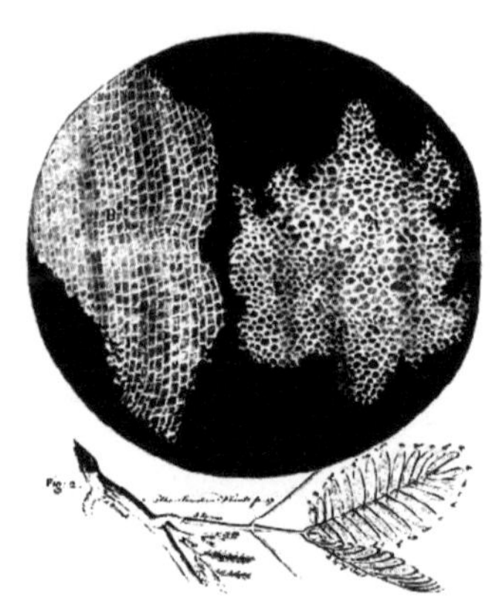

◆栎树皮薄片的细胞残壁

细胞这个概念很早就有了。大约在1590年，荷兰的一个眼镜制造商制造了世界上第一台显微镜。1665年英国科学家罗伯特·胡克通过自制的显微镜观察软木（栎树皮）的薄片发现了细胞残壁，并首次用拉丁文cellar（小室）这个词描述，后来英文用cell这个词命名，中文翻译为“细胞”。显微镜的改进使得生物学家能在植物细胞和某些动物细胞中观察到细胞核。英国植物学家罗伯特·布朗在1833年第一次提出将细胞核当作活细胞的一个有机组成部分。1838年德国植物学家马蒂基斯·雅克布·施莱登发表《植物发生论》，提出细胞是组成植物的基本单位。受施莱登影响的德国生理学和解剖学家西奥多·施旺以极大的热情投入细胞学的研究中，1838年发表了三篇论文。1839年他又把研究成果汇集成一本专著《关于植物的结构和生长一致性的显微研究》，论证植物和动物均由细胞这一基本单位组成，奠定了细胞学说的基础。19世纪40年代，德国生物学家卡尔·冯·耐格里发现了植物细胞通过一分为二的方式增殖，瑞士生物学家罗道夫·沃尔·克利克尔等人发现细胞分裂中的细胞核分裂现象，认识到细胞的繁殖是通过“分裂”完成的。1858年德国医生和病理学家鲁道夫·魏尔肖指出：细胞只能来自细胞。这个观点通常被认为是对细胞学说的一个重要补充，并与之共同形成了现代细胞学说。其主要内容包括：①细胞是有机体，一切动植物都是由细胞发育而来，并由细胞和细胞产物所构成；②所有细胞在结构和组成上基本相似；③新细胞是由已存在的细胞分裂而来；④生物的疾病是因为其细胞机能失常；⑤细胞是生物体结构和功能的基本单位；⑥生物体是通过细胞的活动来反映其功能的；⑦细胞是一个相对独立的单位，既有它自己的生命，又对它与其他细胞共同组成的整体生命活动起作用。

细胞学说很快被推广用来研究精子。之前有人认为精子是精液中的寄生虫，1841年罗道夫·沃尔·克利克尔证明精子是细胞。制备生物材料的切片机和固定各种生物材料的染色技术的发明促进了细胞学的研究，使生物学家对细胞和受精过程的认识更进了一步。

但是，人们在显微镜下“瞪大眼睛”找，却始终没有看到传说中的细胞膜（又称“质膜”）。从18世纪开始，生物学家们就观察到了一个很有趣的现象，动物的红细胞会变大、变小。到了19世纪末，英国科学家内斯特·欧福顿发现，并不是把细胞丢在任何一种溶液里，它都会像变戏法一样长大、缩小的，如果在脂类分子溶液中，细胞的尺寸不会发生任何变化。于是，欧福顿大胆地设想：这层薄薄的细胞膜可能就是由脂类分子构成的，特别是胆固醇和磷脂这两种脂类分子，因为脂类分子的特殊性在于不与水分子接触。1925年，荷兰科学家用化学方法从一大堆细胞中提取出了脂类成分。然后，他们把脂类成分小心翼翼地铺在一杯水上，让它们尽量铺开，最终铺的只有一层分子的厚度，再计算这层脂类物质的面积有多大。结果发现，从这堆细胞里面提取出来的脂类成分

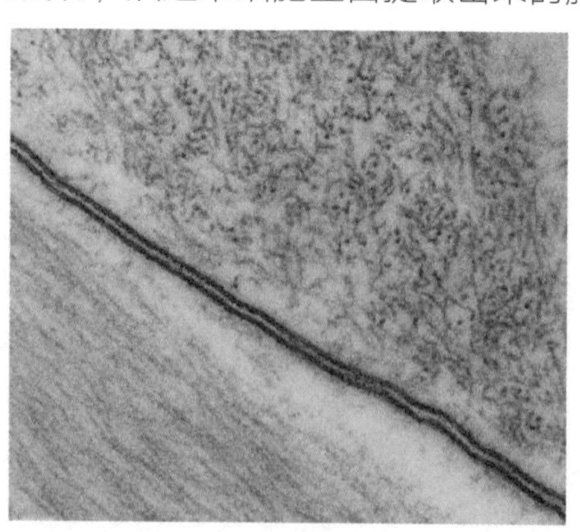

◆电子显微镜下的质膜

的总面积恰好是细胞表面积的2倍。也就是说，每一个细胞的表面确实包裹着脂类分子构成的膜，并且这层膜不是单层膜，而是由两层分子构成的双层膜。到了20世纪中期，人们终于用电子显微镜看到了这层膜。果然它特别薄，只有几纳米厚，是一根头发丝直径的几千分之一，远小于任何光学显微镜的极限分辨率能观察到的大小。

◆默奇森陨石

质膜不仅存在于地球上，还有来自地球之外的。1969年的一天，有个巨大的火球从天而降，落在澳大利亚维多利亚州的默奇森。这是一颗重达100千克的陨石，里面携带了大量的有机物，包括几十种氨基酸和脂肪分子，甚至还有能够形成DNA和RNA分子的嘌呤和嘧啶。1985年，人们进一步发现，陨石上提取出来的脂类分子居然也能像地球上的磷脂分子一样，自发地形成类似于地球生命中的质膜结构。

地球生命的发展历程并不总是从简单到复杂，从低级到高级。推动生命变化的只有一种力量，那就是自然选择。只要能活下来，只要能繁殖后代，就是自然选择的。实际上，一直到今天，地球上数量最多、种类最多的生命体还是单细胞生物。

1.5 多彩的细胞世界

细胞的出现大大加深了生命活动的复杂程度，使生命的演化走上了快车道。一个细胞的直径是几微米到几十微米，这个空间里可以容纳一亿到一百亿个蛋

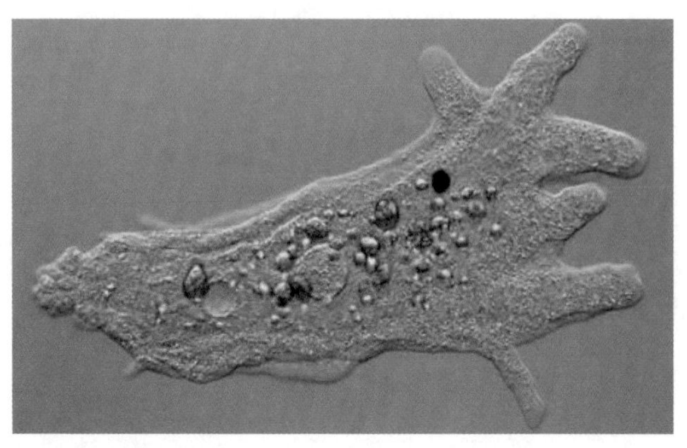

◆巨型阿米巴虫

白质分子。它们之间协调组配的可能性会达到一个天文数字。

有了细胞的存在，生命活动才可能变得丰富多彩。我们今天熟悉的几乎所有的生命现象，从鸟类飞翔到人类活动，从细菌游泳到鲜花盛开，都是因为细胞的出现。自然界中有大小仅一两微米的细菌，也有直径上百微米的巨型阿米巴虫；有利用太阳能制造ATP和生命物质的藻类，也有靠吞噬动物肠道里营养物质为生的大肠杆菌；有摆动鞭毛在水中游动捕食的草履虫，也有能够依靠小磁铁感应磁场的趋磁细菌。

细胞是有机体生命活动的基本单位。这看似很简短的一句话，概括性其实很强，内涵也很深，我们该怎样理解这句话呢？细胞是生命形态结构的基本单位，即一切有机体都是由细胞组成的，据此将有机体分为单细胞生物和多细胞生物。单细胞生物有机体仅由一个细胞构成，而多细胞生物有机体根据其复杂程度不同，由数百乃至亿万个细胞构成。从代谢角度来看，细胞具有独立的、有序的自控代谢体系，是代谢与功能的基本单位。从生长发育的角度来看，一切有机体的生长和发育都是以细胞的增殖与分化为基础的；当然，这也是研究生物发育的基点。从遗传的角度来看，细胞是遗传的基本单位，细胞具有遗传的全能性。在一般情况下，每一个细胞，不论低等生物的还是高等生物的，单细胞生物的还是多细胞生物的，结构简单的还是复杂的，未分化的还是分化了的（个别终末分化的细胞除外），还有性细胞，都包含全套的遗传信息，也就是说它们具有遗传的全能性。因此我们也可以总结，没有细胞就没有完整的生命。

细胞作为独立的生命单位，其大小一般是几十微米，但也有个别种类很大或很小的，如某些动物的神经细胞可长达1米，而支原体的直径只有0.1微米左右。支原体是至今发现的直径最小、结构最简单的细胞，具备细胞的基本结构。科学家们曾经讨论过，比支原体更小的细胞还能否以独立单位存在，答案是不能。因为支原体的直径已经达到了一个细胞体积的最小值，在支原体内基本具备一个细胞生存与增殖所必需的结构装置，即质膜、遗传信息载体DNA与

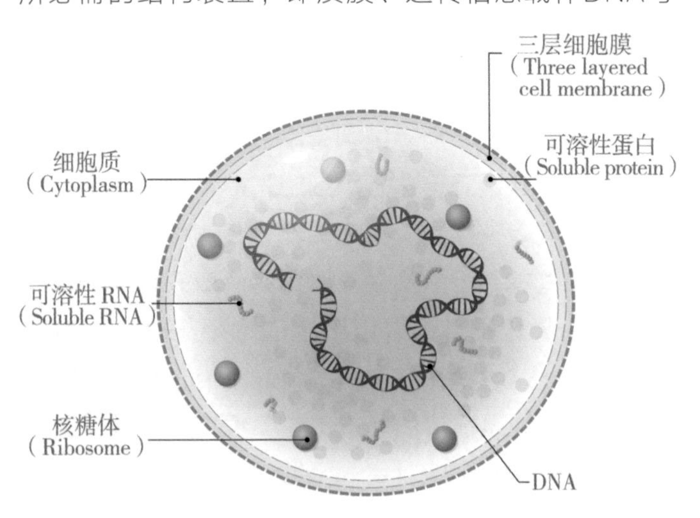

◆支原体细胞结构（没有细胞壁）

RNA、进行蛋白质合成的一定数量的核糖体及催化主要反应的酶类。所以，比支原体直径更小、结构更简单的细胞，似乎不能够满足细胞生命活动的基本要求。

原核细胞是没有真正核膜包裹细胞核的细胞，原核细胞有两个代表：细菌和蓝藻。细菌细胞没有典型的核结构，但绝大多数细菌有明显的核区或称拟核，核区主要由一个环状DNA分子盘绕而成，四周是较浓密的胞质物质。除了核糖体外，原核细胞内没有类似真核细胞的细胞器。细菌的质膜是典型的生物膜结构，它具有多功能性。蓝藻又称蓝细菌，是最简单的光能自养型生物之一。在25亿~30亿年前，地球上便

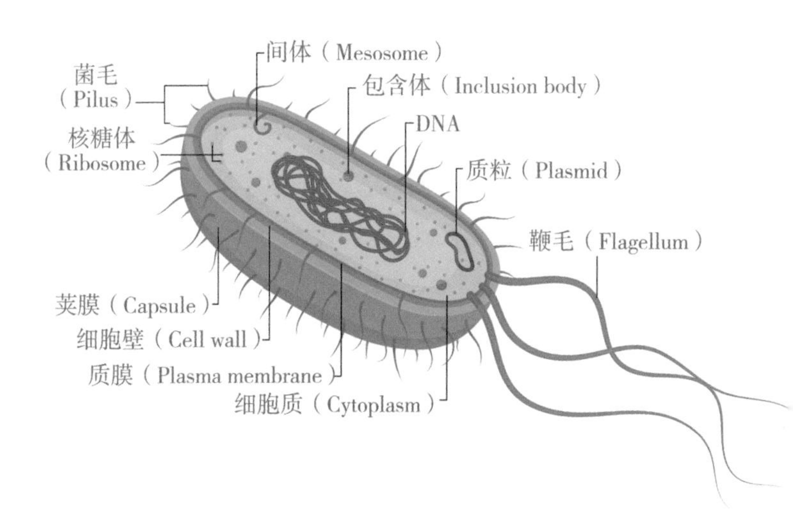

◆细菌细胞结构

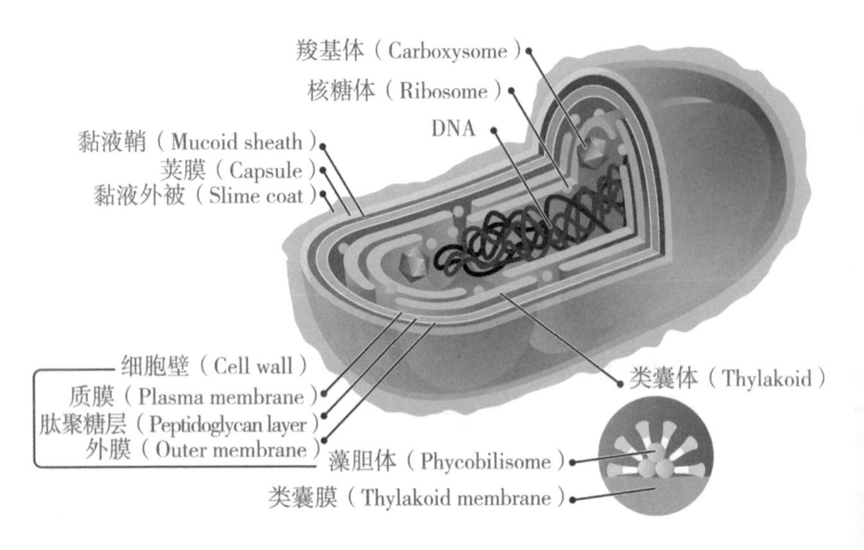

◆蓝藻的细胞结构

出现了蓝藻，由于它能进行与高等植物类似的光合作用，大气中氧气的含量逐渐改变。

细胞分为真核细胞和原核细胞两种，这两种细胞结构差异很大。真核细胞是遗传信息量大、结构相对复杂的细胞，我们能利用几千倍的光学显微镜看到它的细胞核、细胞质和质膜等粗略结构，在几百万倍的电子显微镜下则能观察到它的精细结构。

质膜由膜脂、蛋白质、糖类组成，磷脂双分子层是其基本的结构组成，膜蛋白镶嵌在磷脂双分子层内或表面，有特殊的生理功能，糖类与膜蛋白相结合形成糖蛋白，一小部分与脂质结合形成糖脂；糖类只存在于质膜的外表面，与细胞识别有关。在高等植物的质膜外面还有一层起保护作用的细胞壁，主要由纤维素组成。真核细胞除了细胞表面膜外，细胞质中还具有许多由膜包裹的细胞器，这些细胞器的膜结构与质膜相似，但功能有所不同，被称为内膜。内膜系统是指内质网、高尔基体、细胞核、溶酶体和液泡五类膜结合细胞器，它们的膜是相互流动的，处于动态平衡，在功能上也相互配合。我们习惯把细胞所有膜结构统称为生物膜，它是细胞内膜与质膜的总称。生物膜是细胞的基本结构，它不仅具有界膜的功能，还参与全部的生命活动。

细胞质指细胞核和质膜之间的全部物质，其中包含一些具有独立功能的细胞器，如线粒体、核糖体、

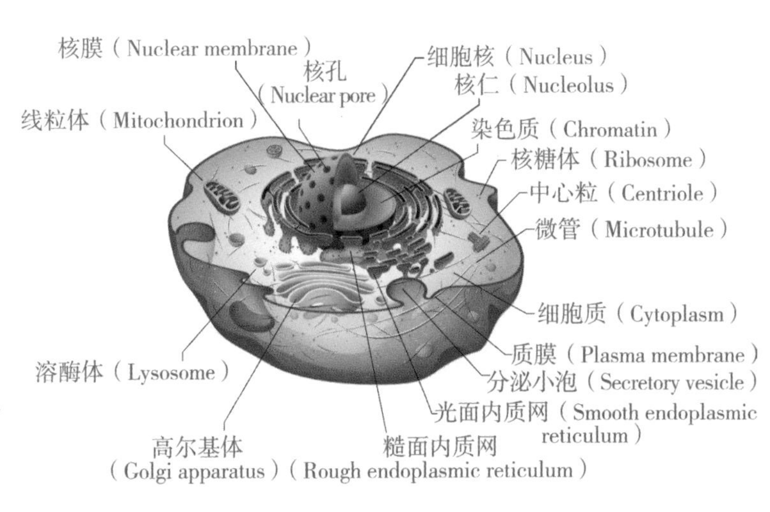

◆动物细胞结构

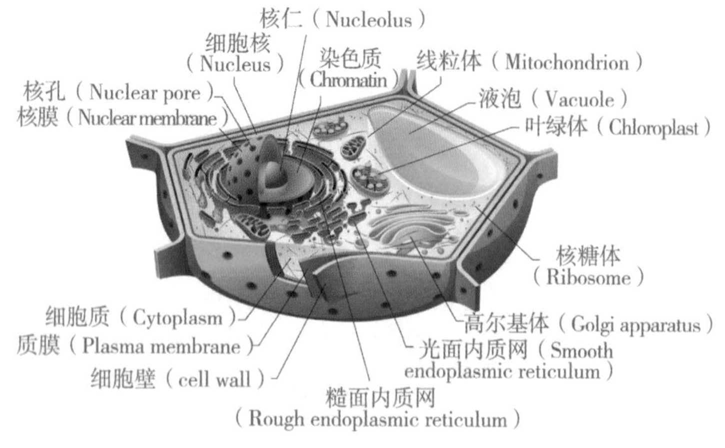

◆植物细胞结构

高尔基体、溶酶体、内质体等，它们都悬浮在无定形的基质之中，即细胞质基质，其主要含有与中间代谢有关的数千种酶类，还有与维持细胞形态和细胞内物质运输有关的细胞质骨架结构。细胞质骨架是由微管、微丝、中间纤维组成的蛋白纤维网架体系。

细胞核主要由染色体、核仁、核液和核膜组成，染色体主要由DNA和蛋白质盘旋而成，核仁主要由核糖核酸（rRNA）、蛋白质以及少量的脱氧核糖核酸（rDNA）组成，rDNA常常分布在染色体的次缢痕上。线粒体中也含有少量的DNA，还有大量三磷酸腺苷（ATP），可以看作是为细胞提供能量的“动力工厂”。核糖体由RNA（rRNA）和蛋白质组成，可以看作是为细胞制造蛋白质的“工厂”。

植物细胞还有一些特有的细胞结构，如细胞壁、液泡、叶绿体。细胞壁的主要成分是纤维素、果胶质，产生了地球上最多的天然聚合物，如木材、纸与布的纤维。液泡是植物细胞的代谢库，起调节细胞内环境的作用，含有盐、糖、色素等水溶液物质。叶绿体是进行光合作用的细胞器，它利用叶绿素将光能转变为化学能，把二氧化碳与水转变为糖。叶绿体是世界上“成本”最低、创造“物质财富”最多的生物工厂。

细胞世界丰富多彩，各种细胞各司其职，为创造美好的细胞世界而共同努力。人们也会以它为基础，来探索更多关于生命的奥秘。

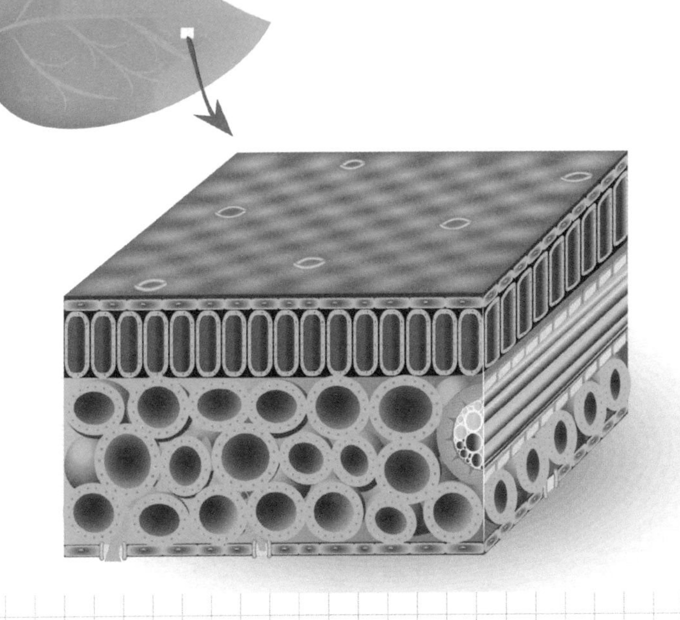

第二章　细胞能之源

为什么动物能够运动、繁殖？ 为什么植物能够生长、开花、结果？生命是什么？它的原动力又在哪儿？

能量是生态系统的动力，是一切生命活动的基础。在生态系统中能量开始于太阳能的固定，只有绿色植物才能进行光合作用固定太阳能，利用光能把二氧化碳和水合成有机物，并储存能量，同时释放出氧气，而动物则通过以植物为食，呼吸氧气，降解食物来获得能源。因此，生态系统的能量来源于太阳能，结束于生物体的完全分解。

2.1
生命以负熵为生

19世纪存在两种互为对立的生命发展观，一种是以热力学第二定律为依据推演出的退化观念体系，另一种是以达尔文的进化论为基础的进化观念体系。

热力学第二定律的观点是，在任何一个孤立系统里，总体的混乱程度，只会增大不会变小，直到达到混乱的最大化。比如将一瓶蓝墨水倒入清水中很快就会自发地扩散开来；两者慢慢融合，蓝色墨水的颜色变浅，而清水也逐渐变蓝，最后融合成一瓶淡蓝色液体。这个过程是完全不可逆的，系统的混乱程度称作“熵”。熵最大的时候，就意味着系统变化的能力丧失了，新的平衡出现了。退化观念体系认为，由于能量的耗散，世界万物趋于衰弱，结构趋于消亡，整个世界随着时间的进程而走向死亡。

一个生物体由数以万亿计的细胞自发分工协作来运转。如果大自然必将走向不可逆的无序，那么生命这种复杂精密的时空结构，是如何在无序中产生的呢？只要生物体还活着，就必须持续地保证其秩序混乱的程度处于非常低的水平，这都是与热力学第二定律恰好相反的。难道我们真的是逃脱自然规律的异类吗？

而以达尔文的进化论为基础的进化观念体系指出，社会进化的结果是种类不断分化、演变且增多，结构不断变得复杂且有序，功能不断进化且强化，整个自然界和人类社会都向着更为高级、更为有序的组织结构发展，即负熵。负熵是物质系统有序化、组织化、复杂化状态的一种量度，从外界吸收了物质或者能量之后，系统的熵降低了，变得更加有序了。

如果我们把生命比喻成一台机器，那么氨基酸、蛋白质、DNA这些物质就是建造机器用的元件，但是机器要有动力的支持才能维持正常运作。那么，赋予一个生命体的元件以动力的又是什么呢？

著名量子物理学家埃尔文·薛定谔的生物科普书《生命是什么——活细胞的物理观》，最经典的观点是“生命以负熵为生”。

从制造生命基础物质（如氨基酸）再到制造复杂物质，这条路上人类确实取得了重要突破。

先说蛋白质。1965年，中国科学家成功合成了牛胰岛素分子。牛胰岛素分子是一条由21个氨基酸组成的A链和另一条由30个氨基酸组成的B链，通过两对二硫键连接而成的一个双链分子。中国科学院上海

◆埃尔文·薛定谔

有机化学研究所和北京大学化学系负责合成A链；中国科学院上海生物化学研究所负责合成B链，并负责把A链与B链正确组合起来。然后通过动物惊厥实验证明纯化结晶的人工合成胰岛素确实具有和天然胰岛素相同的活性。今天，我们可以用机器合成更多的复杂蛋白质分子。

再说核酸分子。2018年8月2日，中国科学院分子植物科学卓越创新中心/植物生理生态研究所覃重军研究员研究组及合作者，利用基因编辑技术

（CRISPR/Cas9）及酿酒酵母高同源重组能力进行染色体融合，将16条染色体融合成1条，最终获得了只有1条染色体的酿酒酵母真核细胞，该酿酒酵母菌株被命名为SY14。野生的酿酒酵母细胞的染色体“整齐有序”，像一个含苞待放的花苞，而SY14的单条染色体“杂乱无序”，更接近球形结构。虽然只有单条染色体的酵母真核细胞可以单独进行正常分裂与代谢，但与野生的含有16条染色体的酵母菌一起培养时，其生存能力还有一定的缺陷。关于这一成果的相关论文在线发表于国际顶尖学术期刊《自然》上。

从蛋白质合成到DNA合成乃至单条酵母染色体的构建，在构建生命体的复杂物质层面上，人类取得的

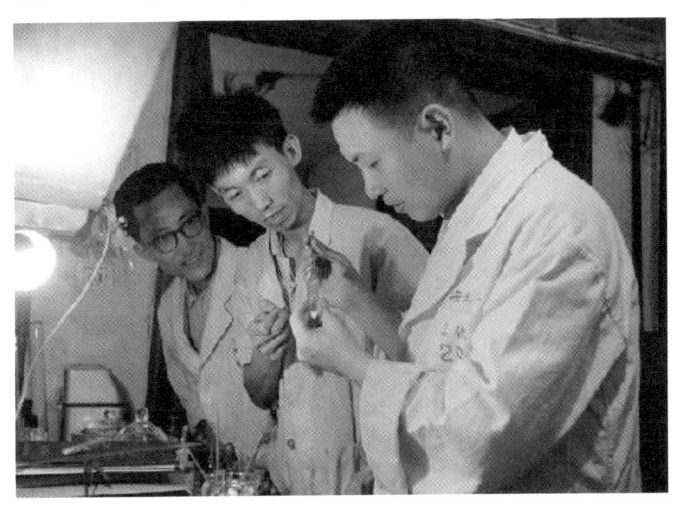

◆人工合成牛胰岛素分子实验

成就是巨大的，但这些复杂的大生物分子单独存在是没有生命力的，合成的单条酵母染色体也必须放在酵母细胞内才能表现出独立存在的生命特征。

那么，为什么生物分子必须在细胞内才能表现出生命特征？这里涉及的“孤立系统”指没有能量和物质输入、输出的系统。如果有能量持续地输入，那么就好像为热力学第二定律打开了一扇门：在一定空间、时间的范围内，混乱程度有可能持续下降。只要有能量输入，生命现象、高度精密的时空结构就能够存在并得到很好的维持。很多过程的发展具有方向性，如果不加干扰让它们自发进行的话，它们总是会向更无序、更杂乱无章的方向发展。所以，能量才是生命现象得以发生的根本动力。

薛定谔说，一种动物想要活着，就得持续不断地摄入混乱度比较低、熵也比较低的食物，然后排泄出混乱度比较高、熵也比较高的粪便。这样一来，动物

◆生物能量转换的负熵与正熵

就从环境中摄取了负熵，从而降低自身的混乱度，以维持生命现象的发生。因此，吃东西或者晒太阳这些日常行为，其实是生命体在完成一个崇高的使命——吸取能量，对抗热力学第二定律，维持生命现象，这就是“生命以负熵为生”。对于地球上的生命来说，最根本的负熵来自太阳光。太阳光是地球上所有生物汲取负熵的根本来源。

2.2
能之源：碳水化合物与脂肪

生命对能量的使用有一套“独门秘诀”。它能够把环境能量转换为自身的能量储备，先储存起来，然后再根据机体的需要使用。储备能量的生物大分子主要为碳水化合物。

作为能量储备，葡萄糖有两个明显的优势。第一个优势是葡萄糖分子结构较为稳定，被制造出来之后，可以储存相当长的一段时间。地球上的生命一旦学会了制造、储存和使用葡萄糖，就能减少对环境能量的高度依赖。植物学会制造和使用葡萄糖，就能够跨越黑夜；动物学会了利用葡萄糖，就有了自由活动的可能。第二个优势是葡萄糖储存的能量很容易被提取。生命有需要的时候，葡萄糖能随时随地以不同形式逐渐释放能量。那葡萄糖进入细胞后是如何发挥作用的呢？

生物化学实验证明，葡萄糖在有氧条件下可以分解成水和二氧化碳，同时产生大量的三磷酸腺苷（简称ATP），也就是能直接被人体细胞利用的能量，这个过程也被称为细胞呼吸。葡萄糖代谢存在另外两条途径，即葡萄糖分解成乳酸或分解成乙醇与二氧化碳，这是在无氧环境下引发的无氧呼吸。举一个简单的例子，我们在剧烈运动后身体会感到酸痛，这就是因为在剧烈运动时，细胞供氧不足而进行无氧呼吸，产生了乳酸。

1747年，德国化学家安德烈亚斯·西吉斯蒙德·玛格拉夫在甜菜中发现了糖。玛格拉夫的学生弗朗茨·卡尔·阿查德发明了一种更加经济、工业化的方法来制糖。1812年，俄罗斯化学家发现植物中糖类存在的形式主要是淀粉，淀粉在稀酸中加热可水解为葡萄糖。1884年，另一科学家指出，糖类含有一定比例的碳、氢、氧，其中氢和氧的比例恰好与水相同为2：1，好像碳（C）和水（H_2O）的化合物，故

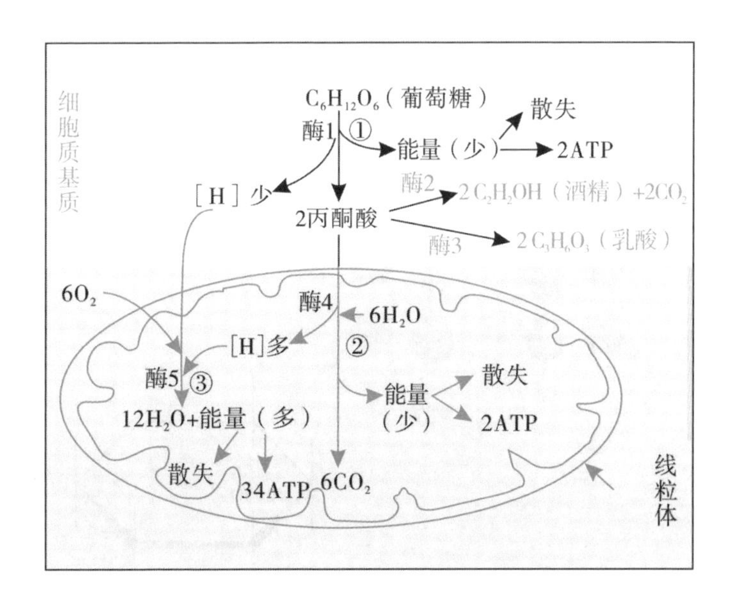

◆葡萄糖代谢

称此类化合物为碳水化合物。碳水化合物不完全等同于糖，碳水化合物有单糖、二糖及多糖等多种类型，但在被吃进去消化完之后大部分会水解成葡萄糖，因此，进入细胞的糖类大部分是葡萄糖。

到了20世纪初，人们才意识到对于地球生命而言，葡萄糖是基础的能量来源。所有的动物、植物，也包括大多数细菌、真菌，都将葡萄糖分子作为生命活动所需能量的主要供应者。即便是可以直接利用太阳能的植物，也是先利用太阳能制造葡萄糖，然后消耗葡萄糖，驱动生命活动。而对于动物来说，它们可以直接从食物中获取葡萄糖，然后消耗葡萄糖，驱动

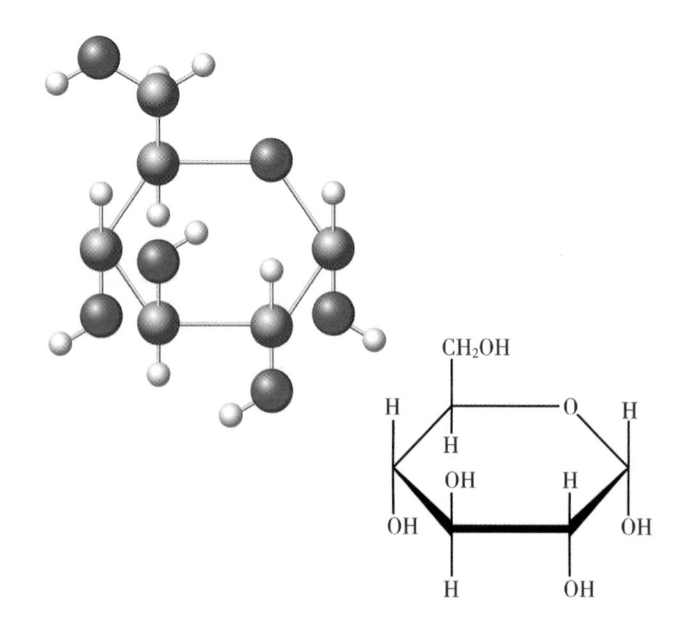

◆ α-D-葡萄糖结构式

生命活动。微生物制造葡萄糖的方法更多样，它们既可以利用太阳能，也可以利用化学能来制造葡萄糖。也就是说，小到细菌，大到蓝鲸，所有的生物体内都有一个共同的能量之源——葡萄糖，它似乎是生命诞生时的标准配置。

葡萄糖对人类脑部功能极为重要，高循环血糖浓度可产生葡萄糖强记效应，刺激钙质吸收，增加细胞间的沟通，促进记忆力和认知表现。调查研究表明，阿尔兹海默症病人脑内的葡萄糖浓度比正常人低很多，易引起中风或其他血管疾病。

葡萄糖被吸收并直接输送到身体细胞以促进细胞代谢，并最终通过三羧酸（TCA）循环形成水和二氧化碳。三羧酸循环是需氧生物体内普遍存在的代谢途径。它在原核生物中发生于细胞质，在真核生物中发生在线粒体。因为在这个循环中几个主要的中间代谢物是含有三个羧基的有机酸，例如柠檬酸，所以叫作三羧酸循环，又称为柠檬酸循环或者TCA循环，又或者以发现者汉斯·阿道夫·克雷布斯（1953年获得诺贝尔生理学或医学奖）的姓名命名的克雷布斯循环。三羧酸循环是三大营养素（糖类、脂类、氨基酸）的代谢联系枢纽及最终代谢通路。

三羧酸循环是一个由一系列酶促反应构成的循环反应系统，在该反应过程中，首先由乙酰辅酶A与草酰乙酸缩合生成含有三个羧基的柠檬酸，经过脱氢、底物水平磷酸化，最终生成二氧化碳，并且重新生成草酰乙酸。这是一个循环反应过程。

三羧酸循环的生物学意义可以从物质代谢与能量代谢两方面进行论述。

三羧酸循环是机体将糖或其他物质氧化而获得能量的最有效方式。在糖代谢中，糖经此途径氧化产生的能量最多。每分子葡萄糖经有氧分解生成水和二氧化碳后，可净产生30或32分子的ATP。

三羧酸循环是糖、脂、蛋白质，甚至是核酸代谢联络与转化的枢纽。此循环的中间产物（如草酰乙

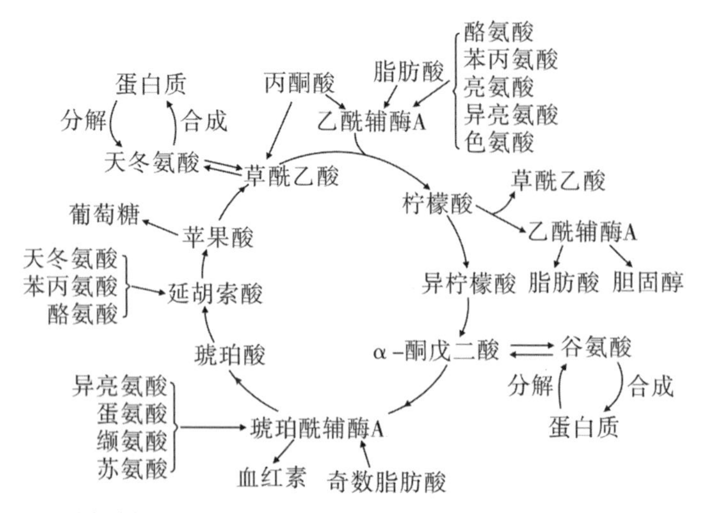

◆三羧酸循环

酸、α-酮戊二酸）是合成糖、氨基酸、脂肪等的原料。三羧酸循环是糖、蛋白质和脂肪彻底氧化分解的共同途径。蛋白质的水解产物（如谷氨酸、天冬氨酸、丙氨酸等）要通过三羧酸循环才能够被彻底氧化，产生大量能量；脂肪分解成脂肪酸后最终也要经过三羧酸循环而被彻底氧化。糖代谢的所有途径最后都生成丙酮酸，脱氢成为乙酰辅酶A，参与三羧酸循环。

综上所述，三羧酸循环是联系三大物质代谢的枢纽，也是能量代谢的枢纽。

在过量摄取能量的状态下，葡萄糖以糖原的形式储存葡萄糖，并通过糖异生途径将其转化成脂肪酸，部分以甘油三酯的形式沉积在脂肪组织中。研究人员发现，在日常饮食中补充75克的葡萄糖会提高记忆测验的成绩；但若血液中葡萄糖浓度过高，将可能导致肥胖和糖尿病，若浓度过低可能导致低血糖或胰岛素休克现象。

人体中糖的来源有三种途径：一是靠胃肠道吸收，二是肝脏合成葡萄糖（即糖异生的葡萄糖）或肝脏糖原分解为葡萄糖，三是肌肉中的糖原分解为葡萄糖。血液中的葡萄糖有四种去路：①通过人体的组织细胞摄取并利用，转化为能量；②在肝脏、肌肉中合成糖原；③转变为脂肪；④转变为其他非糖类物质。

与葡萄糖一样，果糖也是一种单糖，是葡萄糖的同分异构体，它以游离状态大量存在于蜂蜜和水果的浆汁中，果糖还能与葡萄糖结合生成蔗糖。果糖实际上比葡萄糖更容易被代谢，肝脏是果糖代谢的主要部位，果糖在肝脏中转化为果糖-1-磷酸，不受限速酶6-磷酸果糖激酶（葡萄糖代谢限速酶）限制，果糖激活与胰岛素无关的相关脂肪生成的基因，这使得胰岛素分泌不被直接激活，机体接受不到能量摄入的信号，无法限制肝脏对果糖的摄取及其向脂肪的转化，最终导致肥胖。人体摄入葡萄糖和蔗糖过多容易形成严重的饭后血糖高峰，而摄入果糖则不会，它对血糖和胰岛素影响小，但可能刺激你吃得更多。

我们再来谈谈能量的另一种储备形式——脂肪。

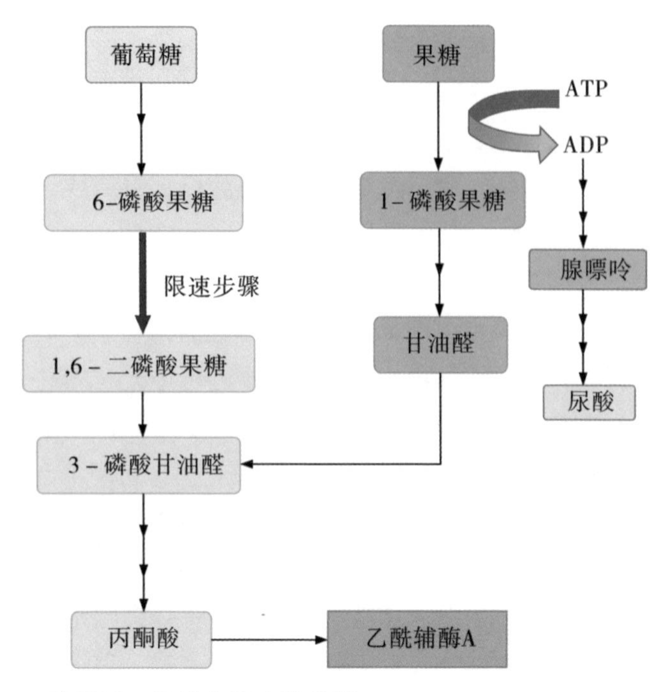

◆葡萄糖、果糖在肝中的代谢

注：ADP为二磷酸腺苷

脂类是油、脂肪、类脂的总称。食物中的油脂主要是油和脂肪，一般把常温下是液态的脂类称作油，而把常温下是固态的称作脂肪。脂肪是细胞内良好的储能物质，主要有提供热能、保护内脏、维持体温、协助脂溶性维生素的吸收、参与机体各方面的代谢活动等功能。同等质量的脂肪比肌肉体积大。脂肪指由甘油和脂肪酸缩合而成的甘油三酯。自然界有40多种脂肪酸，因此可形成多种甘油三酯。

碳水化合物、脂肪、蛋白质之间是可以通过代谢途径相互转化的。在碳水化合物转化成葡萄糖（血糖）后，主要用于氧化分解，过量的葡萄糖转化为糖原或者脂肪储存起来，也可将分解的中间产物通过氨基转化作用再合成蛋白质。脂肪在机体能量供应不足的情况下，可转化为血糖（葡萄糖）。蛋白质在机体能量供应严重不足或病变的情况下会转化为葡萄糖。如果蛋白质摄入过多也会转化为脂肪储存起来。《中国居民膳食营养素参考摄入量（2013版）》（DRI2013）推荐一般人群碳水化合物每日供能占比为50%~65%，平均需要量（EAR）为120克。

◆相同质量的脂肪和肌肉

肥胖是由于体内脂肪积聚过多而呈现出的一种状态，其表现通常由遗传和环境共同决定。一般来说，瘦的成年人体内有300亿～400亿个脂肪细胞，而肥胖症患者的脂肪细胞数量约是普通成年人的10倍，并且脂肪细胞的体积比普通成年人大4倍。

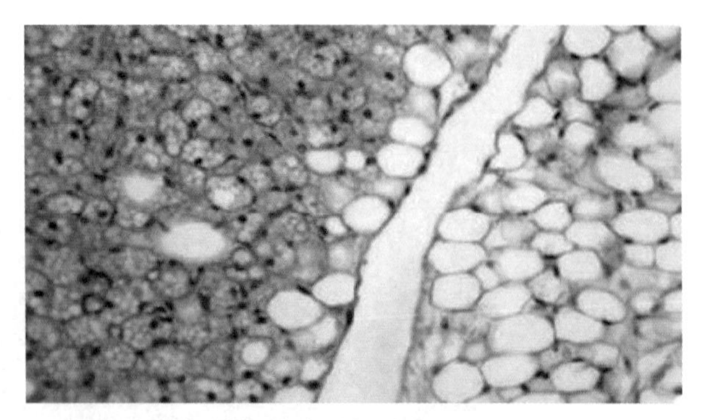

◆ 褐色脂肪细胞与白色脂肪细胞

人体内的脂肪细胞大致分为两种，白色脂肪细胞（WAT）和褐色脂肪细胞（BAT）。白色脂肪细胞中含有一滴大油滴，线粒体数量很少，细胞核被挤在一边，呈扁平状，主要有储能的作用，在生物学上与肥胖相关；褐色脂肪细胞中含许多小油滴，细胞核呈圆形，因含有大量线粒体细胞而呈棕褐色，细胞间含有丰富的毛细血管和交感神经纤维末梢，它们共同组成了一个完整的产热系统。

2.3 能量货币：三磷酸腺苷（ATP）

对于地球上的生命体而言，葡萄糖非常重要，它是储备生物能量的蓄电池。但葡萄糖不能直接给生命活动供能，它需要借助能量货币——ATP来供能。

夜晚人们可以看到萤火虫一闪一闪地飞行，这是由于萤火虫体内含有荧光素和荧光素酶，荧光素与氧气相互作用，可产生亮光。中学生物教师在课堂上会提到一个实验：如果把萤火虫的发光器碾碎后加入ATP，发光器还可继续发光。学生们觉得很不可思议，真的无法想象把“灯泡”碾碎后再“通电”还会发光，但若只加进葡萄糖则不能使荧光物质发光，这是为什么？

萤火虫发光的原理是“其发光器细胞可产生荧光素酶和荧光素，而ATP和荧光素在氧气存在的情况下被荧光素酶催化产生氧化型的荧光素和一磷酸腺苷（AMP）及光量子”。这与灯泡发光的原理不同，灯泡发光是将电能转化为光能，而萤火虫发光则是将化学能转化为光能。因此，ATP是萤火虫发出荧光的直接能源。

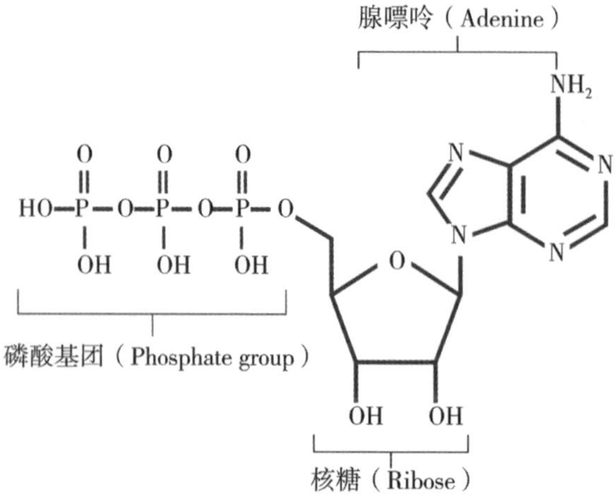
腺嘌呤（Adenine）
NH2
N
N
N
N
O
O
O
HO—P—O—P—O—P—O
OH
OH
OH
O
磷酸基团（Phosphate group）
OH
OH
核糖（Ribose）

◆ATP分子式

ATP，即三磷酸腺苷，是一种不稳定的高能磷酸化合物，由1分子腺嘌呤、1分子核糖和3分子磷酸基团组成。生成ATP的途径主要有两条：一是植物体内含有叶绿体的细胞，在光合作用的光反应阶段生成ATP；二是活细胞通过细胞呼吸作用生成ATP。ATP水解时释放出较多能量，是生物体内最直接的能量来源。作为能量传递的中介，ATP能轻松地脱去1个磷酸基（Pi）团变成二磷酸腺苷（ADP），锁在磷酸键内部的化学能就会被释放出来，从而回到“低能量”状态; 当ADP重新结合1个磷酸基团又变回ATP，能量被转化存储在新生成的ATP分子中，此时它处于“高能量”状态。ATP与ADP之间互相转化非常容易，通过ATP储能、放能是一个高效便捷的能量使用方案。

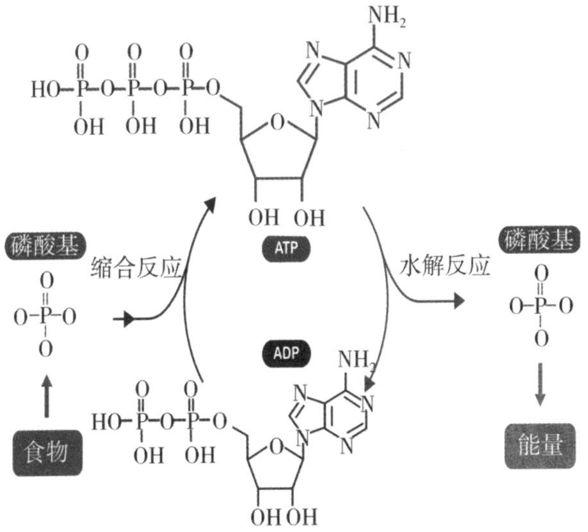

◆ATP与ADP的相互转化

葡萄糖分解成乳酸，产生的能量能生产两个ATP，但如果把葡萄糖彻底分解成二氧化碳和水，最多能生产几十个ATP，这是一个非常高效的过程。科学家测算发现，葡萄糖彻底水解能产生30~32个ATP。

科学家约翰·沃克和保罗·博耶发现了一种在细胞内催化能源物质ATP合成的酶——ATP合酶。ATP合酶广泛分布于线粒体内膜、叶绿体类囊体、异养菌和光合菌的质膜上，参与氧化磷酸化和光合磷酸化过程。当电子沿呼吸链传递时，所释放的能量将质子从内膜基质侧泵至膜间隙，由于线粒体内膜对离子是高

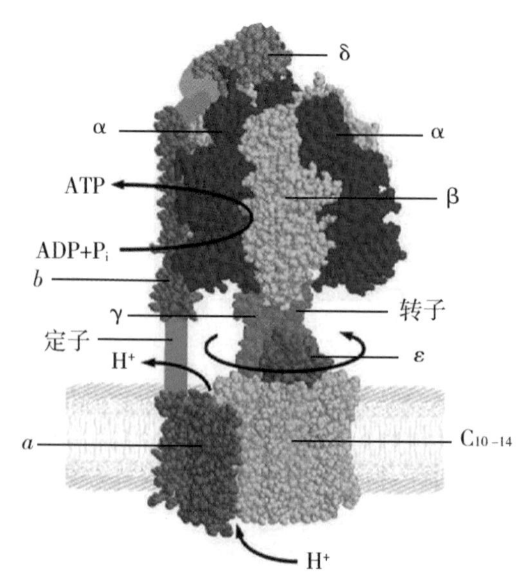

◆ATP合酶催化过程

F型ATP合酶为由F_0和F_1构成的复合体。F_1（偶联因子1）为头部，有5种类型α、β、γ、δ、ε，共9个亚基；F_0（偶联因子0）为基部结构。

度不通透的，从而使膜间隙的质子浓度高于基质，在内膜的两侧形成pH梯度（ΔpH）及电位梯度（φ），两者共同构成电化学梯度，即质子动力势（ΔP）。在跨膜质子动力势的推动下，通过ATP合酶合成了ATP。由于对ATP合酶催化过程做出了精彩解释，两位科学家获得了1997年诺贝尔化学奖。

地球生命的祖先们获取能量的方式是利用ATP合酶。简单来说，ATP生产能量的过程是这样的：首先需要一个物理屏障，像水坝挡住水流一样，形成离子浓度差。在最早的原核生物内，这个水坝其实就是质膜；ATP合酶嵌在质膜上面，就像是水坝上面的水力发电机；氢离子从高浓度向低浓度流动，穿过ATP合酶上面的小孔，以此制造能量货币——ATP。而在真核生物内，这个如水坝一般的生物膜就是线粒体内膜和叶绿体内囊体膜。

2.4 被吞噬的线粒体与叶绿体

在多细胞生物体中需要大量的ATP用于个体的生长、运动及繁殖。怎样能让细胞制造更多的能量呢？能量供应赶不上消耗，细胞的尺寸不能无限制地扩大。实际上，在生命诞生后至少20多亿年的时间里，地球上确实只有细菌这样简单的微生物。一次非常偶然的能量革命，细胞生命体内拥有了一个强悍的能量工厂——线粒体。线粒体具有双层膜结构，其内膜向内折叠成嵴状，增大了面积，上面分布着大量的ATP

合酶。拥有线粒体的真核细胞，在同样时间里，比细菌这样的原核生物生产ATP的速度高出上万倍。每个真核细胞中都有很多线粒体，它们是细胞的“呼吸器官”，为细胞活动提供能量。

地球生命诞生在40多亿年前，但在生物演化的历史上，线粒体出现得很晚。有一种假说，推测在15亿~20亿年前，也就是在地球生命出现20多亿年后，有一个细胞在一次常规的捕食过程中，吞噬了一个较小的细胞。但这个细胞并没有被分解消化掉，而是在这个捕食者的细胞内住了下来。这个细胞把自己生产

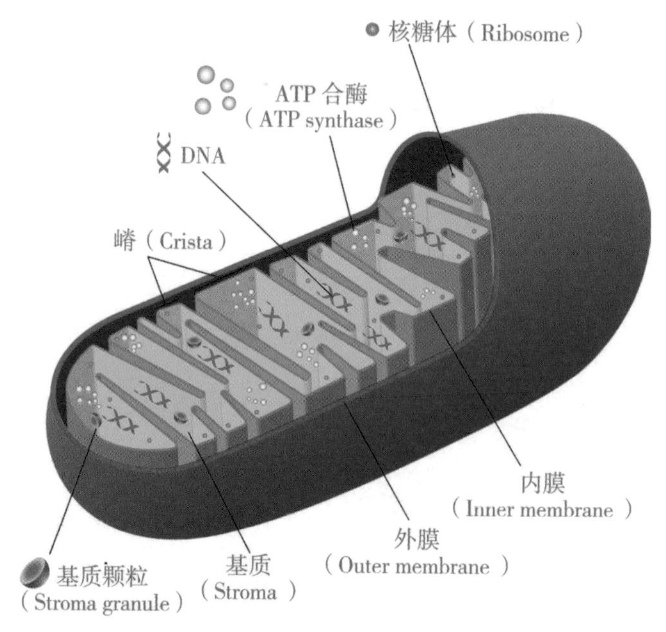

◆线粒体结构

出的大部分ATP交出来，用来换取自己的生存和“居住权”。在漫长的演化历程中，这个细胞的褶皱变得越来越多，生产ATP的能力也越来越强，最终它变成了真核细胞体内的ATP工厂，也就是线粒体。

虽然我们今天还没办法在实验室中模拟上述这个吞噬和寄生的过程，但是确实有很多强有力的证据支持上述说法。比如说，在细胞内部其实有很多细胞器，但线粒体拥有自己的一套遗传物质，它也会自我复制，然后一分为二进入后代细胞体内。再比如说，线粒体会自己生产自身需要的一些蛋白质，并不完全依赖细胞本身的核糖体。还有，线粒体那层内膜的化学成分更像细菌的膜。所有这些证据归结下来，线粒体还真像是一个曾经独立生活，后来被吞噬，又寄生在细胞当中的半自主性细胞器。

人的基因有数万个，绝大部分位于细胞核的染色体上，但是有极少数基因，确切地说是37个，位于细胞质的线粒体中。在精子生成过程中，仅保留了提供其运动能量的线粒体。在受精时，精细胞核进入卵细胞，与卵细胞的细胞核融合，而精子中残余的线粒体几乎都被挡在外头，不能进入卵细胞。因此，下一代的细胞核基因，一半来自精子，一半来自卵细胞，但线粒体基因几乎全部来自卵细胞。线粒体内含有很少变化的37个基因，也就是说，线粒体基因属于母系遗传。

高等植物中最活跃的光合作用组织是叶肉，叶肉细胞中含有大量的叶绿体，它是进行光合作用的细胞器，叶绿体内的叶绿素是专门用来捕捉光能的色素，在光合作用中光能被用来氧化水，释放氧气，并还原二氧化碳合成有机化合物，主要的产物是糖类。这一系列复杂的过程主要包括光反应与暗反应两部分。光反应主要在叶绿体中的膜体构造（类囊体）中进行，最终产物为高能量的化合物ATP、NADPH（还原型烟酰胺腺嘌呤二核苷酸磷酸）、O_2；暗反应则是在叶绿体基质中进行，产物为糖类。光合作用为包括人类在内的几乎所有生物的生存提供了物质来源和能量来源。

叶绿体是植物细胞内最重要、最普遍的质体，是世界上"成本"最低、创造"物质财富"最多的生物工厂。

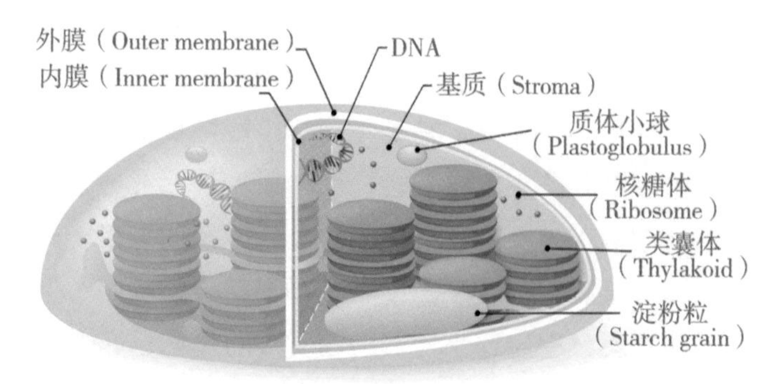

◆叶绿体结构

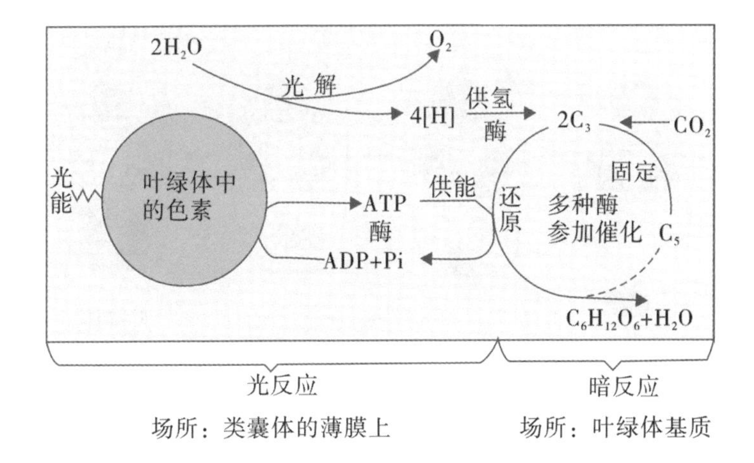

◆光合作用过程图解

叶绿体与线粒体类似，也有自己的DNA、RNA、核糖体，具有独立进行转录和翻译的功能，也能合成自身所需要的部分蛋白质，但绝大多数蛋白质还是由核基因编码在细胞质核糖体上合成，然后转运至叶绿体内。这些蛋白质与叶绿体DNA编码的蛋白质有协同作用。可以说，细胞核与叶绿体之间存在着密切的、精确的、严格调控的生物学机制。

内共生起源学说认为叶绿体源于原始真核细胞内行使光能自养功能的蓝细菌。该学说认为真核细胞的祖先是一种巨大的、不需氧的、具有吞噬能力的古核生物，它们靠吞噬糖类并将其分解来获得生命活动所需的能量。一部分这样的古核生物吞噬了某种原始的

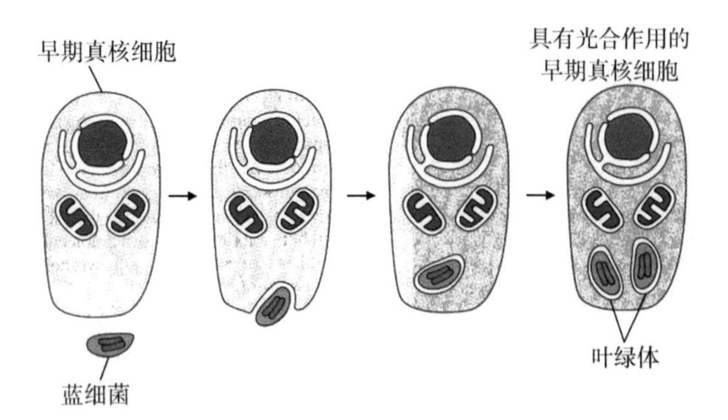

◆叶绿体内共生起源学说

蓝细菌，即蓝藻。蓝藻为宿主细胞完成光合作用，而宿主细胞为其提供营养条件。这种细胞内共生关系对双方都有益处，因此双方在进化中就建立起了一种逐步固定的关系。蓝细菌最终演化为这些古核生物细胞内的一种细胞器官——叶绿体，实现光合自养功能。叶绿体的一些基本特征和痕迹，为这一学说提供了大量证据。

2.5 万物生长靠太阳

地球上有两种能量可以支撑生命活动。一种来自地球内部，这些能量由地球内部物质的化学反应产生，可以被生命所吸收利用。另一种来自地球外部，即太阳能。它们通过太阳光的形式到达地球，地球上绿色植物的生长就是依靠这种能量。太阳内核的温度高达1500万摄氏度，发生核聚变反应。

太阳是地球上最重要的能量来源。太阳光的直接利用者当属已经在地球上生息繁衍许久的绿色植物。这些绿色的生命，有的体形巨大，在地球表面形成繁茂的森林；有的却十分微小，遨游在蓝色海洋的透光层中。它们共同的特点是能够通过光合作用将太阳能转化为化学能，并制造出有机物。这些绿色植物可为地球上的动物所食用，构成地球食物链的基础。

据估计，地球上的绿色植物每年制造4000~5000亿吨有机物。因此，人们把地球上的绿色植物比作庞大的“绿色工厂”。地球上几乎所有的生物，都直接或间接利用这些能量作为生命活动的能源。煤炭、石油、天然气等燃料中所含有的能量，归根到底都是古代的绿色植物通过光合作用储存起来的。在距今35亿年以前，蓝藻在地球上出现，地球大气中氧的含量才逐渐丰富，为地球上其他进行有氧呼吸的生物的生存与发展提供条件。

在生物圈的碳—氧平衡中，线粒体与叶绿体起了关键的作用。具体地说，绿色植物中的叶绿体通过叶绿素吸收太阳能，将水光解并释放出氧气，产生的高能电子经光合磷酸化产生ATP和NADPH（还原型辅酶Ⅱ）；再利用二氧化碳为碳源，经过卡尔文循环合成碳水化合物。生命体可以将碳水化合物分解为葡萄糖，经糖酵解过程后在线粒体内通过三羧酸循环释放出二氧化碳，再经过电子链传递及氧化磷酸化过程产生ATP，并将氧气还原成水。

因此，叶绿体和线粒体是生命体细胞中的能量转换器。线粒体是真核生物进行氧化代谢的部位，是葡萄糖、脂肪和氨基酸最终氧化释放能量的场所。叶绿体中的叶绿素能够吸收光能，叶绿体是将光能转变成化学能并将化学能储存在它所制造的有机物中的部位。

生命的能量来源于太阳能，绿色植物的光合作用是地球上有机体生存、繁殖和发展的根本动力。

如果没有太阳，甚至不可能有现实意义上的地球。没有太阳，就不可能有适宜的温度和充足的阳光，植物便不能出现和进行光合作用而生存。没有植物， 动物就失去了食物链最基础的环节，也就无法生存，当然人类也不可能出现并在这里繁衍生息。

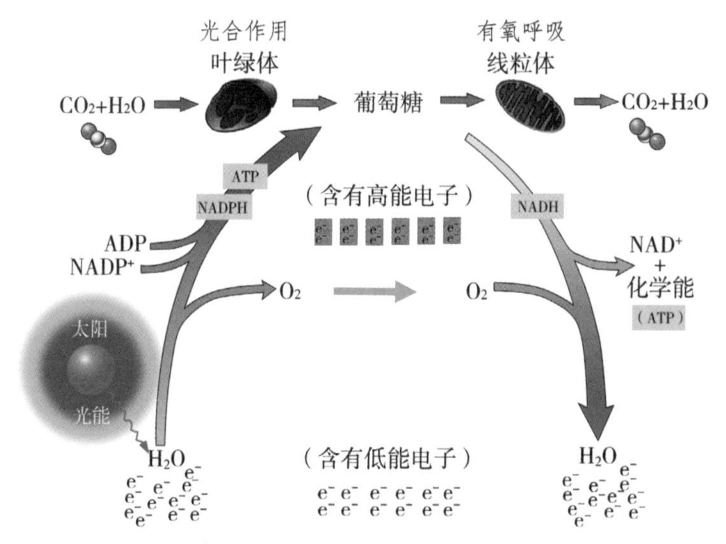

◆光合作用与有氧呼吸的关系图

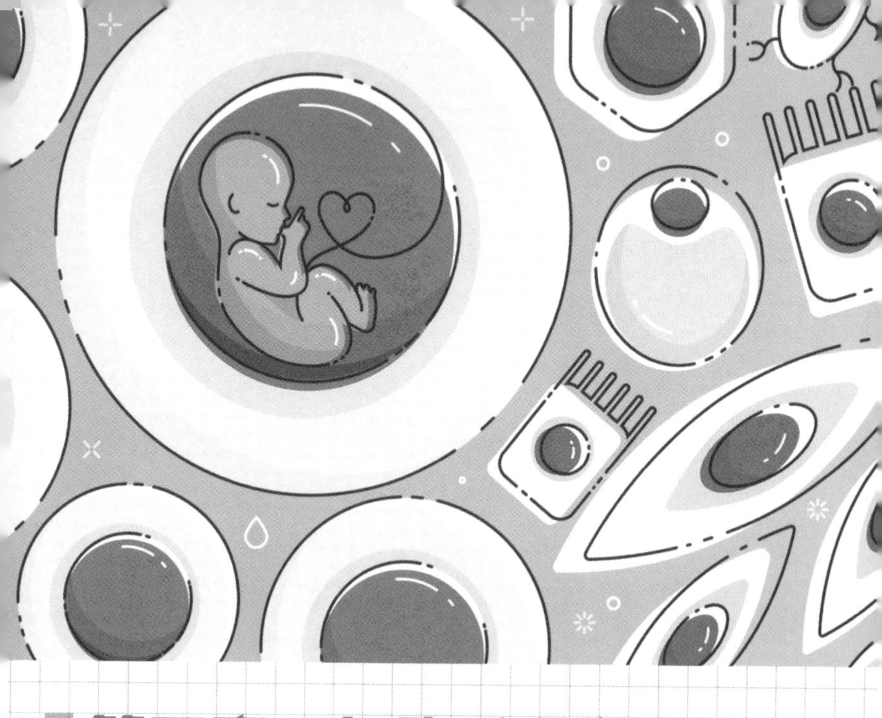

第三章　细胞社会的运转机制

在远古时代，一些单细胞逐渐形成细胞群落，随着群落内部的发展，分工逐渐明确，逐渐产生了多细胞生物。单细胞生物自由自在，但它必须是一个多面手，既要觅食、逃避天敌，又要生殖繁育后代。单枪匹马毕竟势单力薄，但当这些单细胞生物抱团聚集在一起，就会产生强有力的生存力与繁殖力，效率就高得惊人，可以完成令人叹为观止的复杂生命活动。

多细胞生物内部犹如一个社会。社会是由有一定联系、相互依存的成员组成的，作用超乎个体。它有一套自我调节的机制，是一个具有主动性、创造性和改造能力的“活的有机体”，能够主动地调整自身与环境的关系，创造适合自身生存与发展的条件。那么，在一个多细胞生物的内部，分工与协作是怎么实现的呢？

3.1
细胞的分工与协作

单细胞生物就像独自生存的人，需要同时应对不同的状况，而其中必定要面临一个问题：要生殖还是运动？比如微管蛋白，在细胞分裂繁殖后代的过程中，它既要在生殖中起作用，形成纺锤体将复制好的DNA平均分配到两个后代细胞里；又要参与细胞的运动，如鞭毛和纤毛的运动。这样就产生了生殖和运动之间的矛盾。如果在分裂繁殖的时候天敌来了，单细胞生物怎么逃命？但如果一个生命是由两个粘在一起的细胞组成，就可以进行简单的分工：一个细胞专门负责生殖，不负责运动；而另一个细胞专门负责运动，不管生殖的事儿。这样一来，生殖

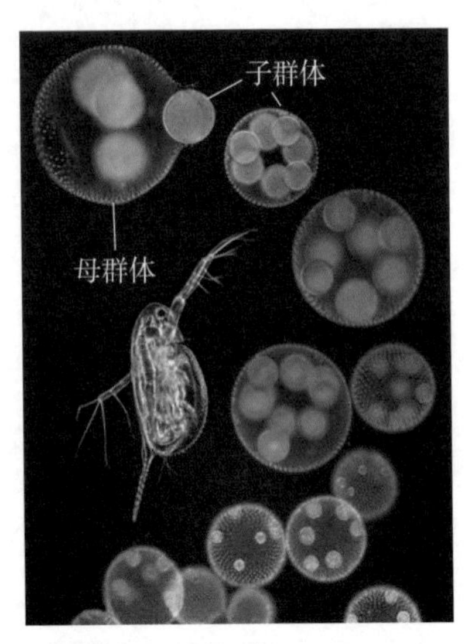

◆团藻的分裂方式

和运动可以持续不断地同时进行。有一种叫作团藻的多细胞生物只有两种不同的细胞，一种是体形小、长着鞭毛的体细胞，它们专门负责运动；另一种是个头大、没有鞭毛、专门负责繁殖的生殖细胞。团藻是一种十分典型的合作型多细胞生物。

细胞分工的出现完美地解决了生存与繁殖之间的矛盾，这是生命演化历程中一个非常重要的里程碑。之后，生物在细胞专业化路上越走越远。比如我们血液中的红细胞，专门负责运输氧气，而且能力非常强。为了能腾出更多的空间装载血红蛋白运输氧气，红细胞在发育过程中，会把细胞核及里面的遗传物质彻底舍弃掉，放弃繁殖的权利，帮助身体获得更多氧气，让机体拥有更好的运动能力。

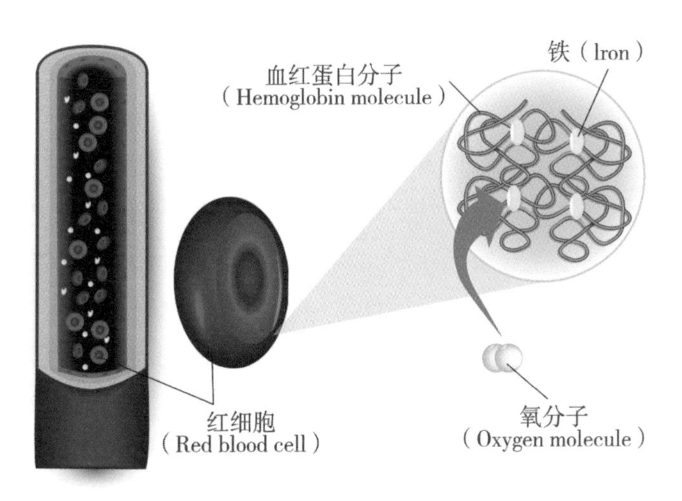

◆ 红细胞结构

细胞间的协作发展得让人叹为观止。人体消化系统中的单个小肠上皮细胞消化能力一般，但是聚在一起，效率就高得惊人。成年人小肠的长度一般可以达到4~6米，而且有非常多突起和褶皱，极大地增加了表面积，把小肠吸收营养的这个能力发挥到极致。

那么，在人体内部，分工与协作到底是怎么实现的呢？我们知道，已分化的细胞来源于未分化的细胞，从胚胎发育角度来讲，人体所有的细胞都来源于受精卵，它具备繁殖出任何特定细胞的能力，人成熟之后的全部类型的细胞都是它的后代。

在受精卵分裂的时候，它们外围的一些细胞成为滋养细胞，参与胎盘的形成，专门负责联系母体，为胎儿提供营养。而内部的细胞团则会继续发育成胎儿，然后分化成三个胚层，也就是所谓的外胚层、中胚层和内胚层。外胚层细胞将会变成皮肤和神经系统；中胚层细胞将会变成肌肉、骨骼和血液细胞；内胚层细胞会变成负责营养消化的器官。伴随着体细胞分化潜能的消退，基因有选择性的表达，细胞的分裂潜能也几乎全部耗尽，某种细胞将自己的命运固定在某一项特定功能上。比如神经祖细胞，它产生的后代只有一种，那就是神经细胞；红细胞祖细胞只能分裂变成血液里的红细胞与白细胞。这些已分化的细胞变成了无法继续分裂繁殖的体细胞，只能专心致志地去执行某一项生物学功能。

3.2 细胞通信网络

人吃饭后，体内的血糖水平升高，下丘脑就会释放激素，逐级传递、刺激到下一级器官，从而释放激素，最后到达胰腺，刺激胰岛B细胞释放胰岛素，胰岛素被释放后进入血液，随血液流动到需要的地方，与相应细胞的受体相结合，从而引起一系列生理反应使血糖降低至正常水平。这是一种非常典型的细胞通信方式。

细胞通信是指一个细胞发出的信息通过介质传递到另一个细胞并与靶细胞相应的受体相互作用，然后通过细胞信号转导产生细胞内一系列生理、生化变化，最终表现为细胞整体的生物学效应的过程。

通过分泌化学信号进行细胞间通信是多细胞生物普遍采用的方式。例如胰岛素分泌过程，内分泌的一种。还有其他的方式，如旁分泌，是指细胞通过分泌局部化学介质（信号分子）到细胞外液中，通过局部扩散作用于邻近靶细胞。在多细胞生物中，许多调节发育的生长因子就是通过旁分泌起作用的。又如自分泌，是指细胞对自身分泌的物质产生反应。自分泌

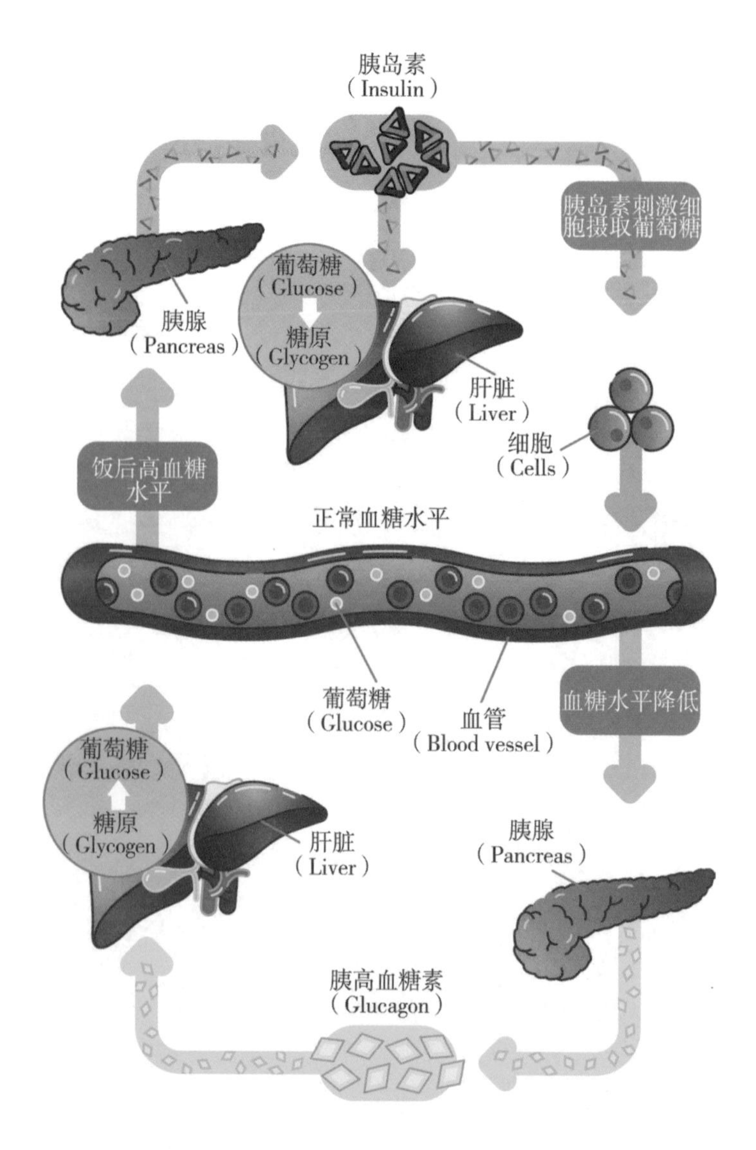

◆胰岛素和胰高血糖素作用

信号常存在于病理条件下，如肿瘤细胞合成并释放生长因子刺激自身，导致肿瘤细胞持续增殖。还有一种方式是细胞间接触依赖性的通信，指细胞间直接接触而无须信号分子的释放，而是通过质膜上的信号分子与靶细胞膜上的受体分子相互作用来介导细胞间的通信；这种通信方式包括细胞与细胞黏着、细胞与基质黏着，这种接触性依赖通信在胚胎发育过程中对组织内相邻细胞的分化具有决定性影响。

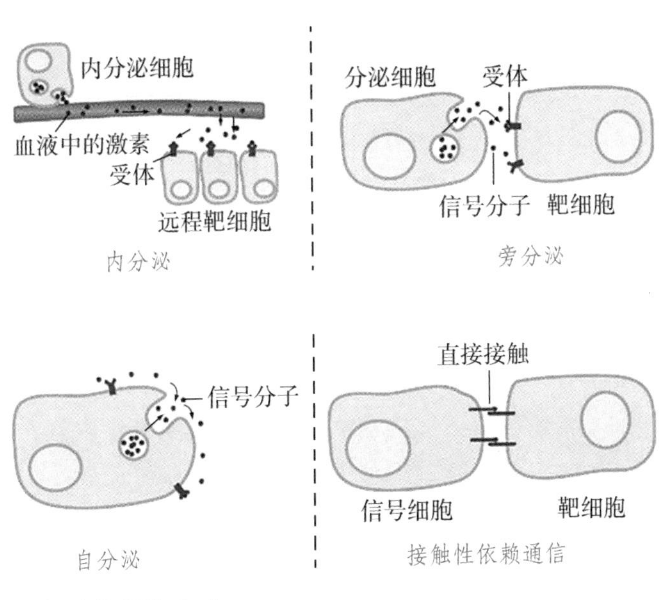

◆细胞的通信方式

3.3
细胞的防御系统

勤洗手，爱干净，预防病从口入。从我们出生开始，时刻都在跟细菌打交道。母亲在赋予我们生命的同时，也给予了我们益生菌。新生儿在妈妈的子宫里是近乎无菌的状态，在经过产道时全身涂满益生菌（主要是乳酸杆菌），嘴里也会吸进大量益生菌，这让其出生后立即就拥有了抵抗力。出生后细菌通过母乳、空气、皮肤大量进入我们的身体，慢慢我们的免疫系统学会了与细菌和平共处，最后我们的身体成为一个复杂的“微”生态系统。所以，免疫系统对有机体来说是必不可少的一部分。那有机体究竟是如何进行免疫的呢？

人体免疫有三道防线。第一道防线主要是皮肤、黏膜，它们不仅能够阻挡大多数病原体入侵人体，其分泌物还有杀菌作用。呼吸道黏膜上有纤毛，具有阻挡异物（包括病菌）的作用。第二道防线是体液中的杀菌物质（如溶菌酶）和吞噬细胞。前两道防线是人类在进化过程中逐渐建立起来的天然防御体系，人生来就有，叫作非特异性免疫。第三道防线主要由免疫器官如扁桃体、淋巴结、胸腺、骨髓、脾脏等和免疫细胞如淋巴细胞、单核细胞、巨噬细胞、粒细胞、肥大细胞等组成。这是人体在出生以后逐渐建立起来的后天防御体系，只针对某一特定的病原体或异物起作用，叫作特异性免疫，在抵抗外来病原体和抑制肿瘤生长方面具有十分重要的作用。

特异性免疫中的细胞免疫是一个很有趣的过程，浆细胞、B细胞、T细胞就像卫士一样时刻准确出击，将病菌一举拿下。它们主要参与特异性免疫中的体液免疫和细胞免疫。以体液免疫为例，B细胞表面的受体分子与互补的抗原分子结合后，活化、长大，并迅速分裂产生两种细胞，一种是浆细胞，产生抗体，另一种发展为记忆B细胞。这个过程同时需要巨噬细胞的参与。每一个浆细胞每秒钟能产生约2000个抗体，浆细胞寿命很短，经几天大量产生抗体之后就死去，而抗体则进入血液循环发挥生理作用。 抗原还可与吞噬细胞上的受体结合形成抗原—抗体复合物，进而被吞噬。记忆B细胞不能分泌抗体，它们寿命长、能“记住”入侵的抗原。当同样的抗原第二次入侵时，它们能迅速做出反应，很快分裂产生新的浆细胞和新的记忆B细胞，浆细胞再次产生抗体消灭抗原。免疫过程非常精准，以至于我们不得不感叹人体的奇妙。

当机体内有细胞发生癌变时，免疫系统会及时发现并清除，但为什么很多人得了癌症以后，免疫系统却不能把肿瘤细胞都消灭光呢？美国免疫学家詹姆斯·艾利森和日本免疫学家本庶佑发现，这是因为免疫系统被某种“绳”拴住了。

詹姆斯·艾利森在免疫细胞的分子表面发现一种名为CTLA-4的蛋白，它起到了“分子刹车”的作用，可以终止免疫反应。抑制CTLA-4分子，则能使T细胞大量增殖、攻击肿瘤细胞。基于该机理，第一款癌症免疫药物伊匹单抗问世，为癌症治疗提供了全新的思路。

本庶佑于1992年发现T细胞抑制受体PD-1，2013年依此开创了癌症免疫疗法。人体免疫细胞表面的PD-1蛋白的主要任务是防止免疫系统反应过度，不分敌我，胡乱攻击，以免造成严重的自体免疫疾病，例如系统性红斑狼疮。但是另一方面，正是因为有了 PD-1，免疫系统才会束手束脚，无法放手攻击肿瘤细胞。

CTLA-4和PD-1被认为是免疫系统的两个重要的检查点，它们对T细胞的免疫反应起着负向调控作用。因此，美国科学家詹姆斯·艾利森和日本科学家本庶佑获得了2018年度诺贝尔生理学或医学奖。在颁奖仪式上，瑞典卡罗琳斯卡医学院表示：“艾利森和本庶佑的发现给癌症的治疗带来了新的特效药，而且它展现了一个全新的理念，不同于此前的治疗策

PD-L1与PD-1结合，抑制T细胞杀死肿瘤细胞

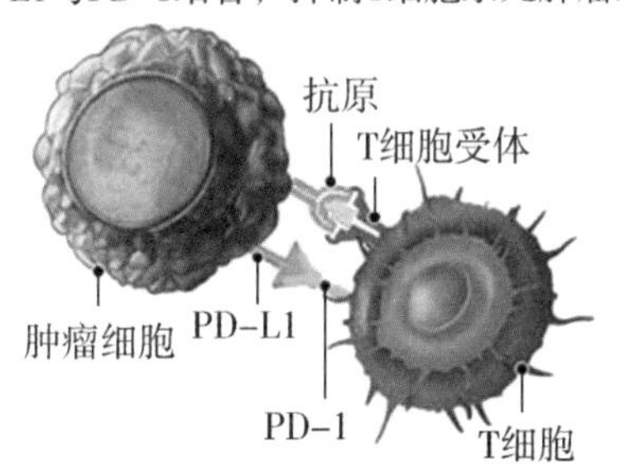

阻断PD-L1与PD-1结合，使T细胞能杀死肿瘤细胞

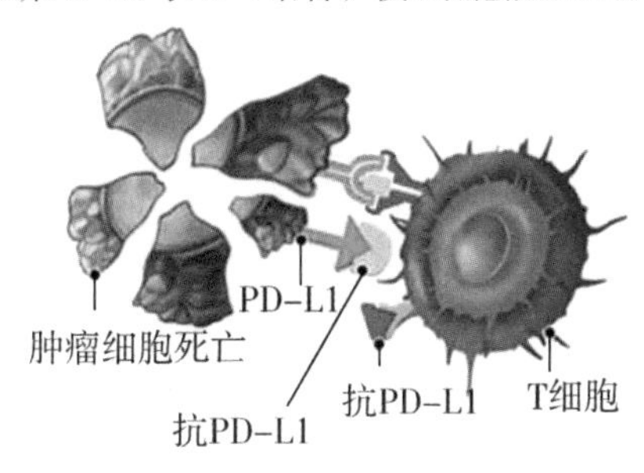

◆免疫检查点抑制剂的作用机制

略，它并不是基于瞄准肿瘤细胞，而是基于‘踩刹车’的人体免疫系统。两位获奖者的重要发现影响了攻克癌症的思路转换，具有里程碑意义。”

我国也有一位伟大的科学家值得被人们铭记，他就是陈列平。2006年，陈列平的PD-1抗体药物在美国开始了Ⅰ期临床试验。两年之后，Ⅰ期临床试验结果喜人，陈列平回国继续开展研究，抗PD-1药物对肿瘤治疗的效果非常明显。比起化疗、放疗和靶向治疗，抗PD-1药物对肿瘤的长期治疗有着更好的效

果。美国两家大制药公司据此研发的抗PD-1的抗体药被批准用于治疗黑色素瘤。

2011年8月10日，美国《生物转化医学》和《新英格兰医学杂志》权威杂志报道，宾夕法尼亚大学基因治疗专家卡尔·朱恩利用改造后的患者自身T细胞治愈了两位晚期慢性淋巴细胞白血病（血癌）患者，开创了肿瘤生物治疗的新纪元。最早接受CAR-T治疗的一批人中，有30位白血病患者，他们已经历了各种可能的治疗方法，包括化疗、靶向治疗，他们抱着无畏的决心接受了CAR-T细胞疗法，结果这批“吃螃蟹”的人震惊了世界。27位患者经治疗后，肿瘤细胞完全消失，20位患者在半年以后复查，仍然没有发现任何肿瘤细胞。2012年，6岁的艾米丽·怀特海德的急性淋巴性白血病两次复发、生命垂危之际，成为全球第一位接受某制药公司的试验性CAR-T治疗的儿童患者。在她接受CAR-T治疗的7年内，没有复发。

CAR-T的全称是嵌合抗原受体T细胞免疫疗法。它的基本原理就是利用患者自身的免疫T细胞来清除肿瘤细胞，这是一种细胞免疫疗法，而不是一种药。治疗时首先从癌症患者身上分离免疫T细胞（见下页图①收集T细胞），利用基因工程技术给免疫T细胞加入一个能识别肿瘤细胞且同时激活免疫T细胞杀死肿瘤细胞的嵌合抗体，免疫T细胞立马变身为CAR-T细胞。然后进行体外培养，大量扩增CAR-T细胞（见下图②T细胞转化），一般一个患者需要几十亿乃至上百亿个CAR-T细胞（患者体形越大，需要细胞越多）。接着把扩增好的CAR-T细胞输回患者体内（见下图中③T细胞过继转移）。在这过程中要严密监护患者，尤其是防控输入细胞后前几天身体的剧烈反应。

患者接受CAR-T治疗有一个巨大的临床风险：可能会引起细胞因子风暴。免疫T细胞在杀死其他细胞的时候会释放很多细胞因子，这种正反馈机制保证了对病原体的快速清除。CAR-T在杀死癌细胞时，瞬间局部产生超大量的细胞因子，临床表现就是患者超高烧不退，使患者有一定的生命危险。

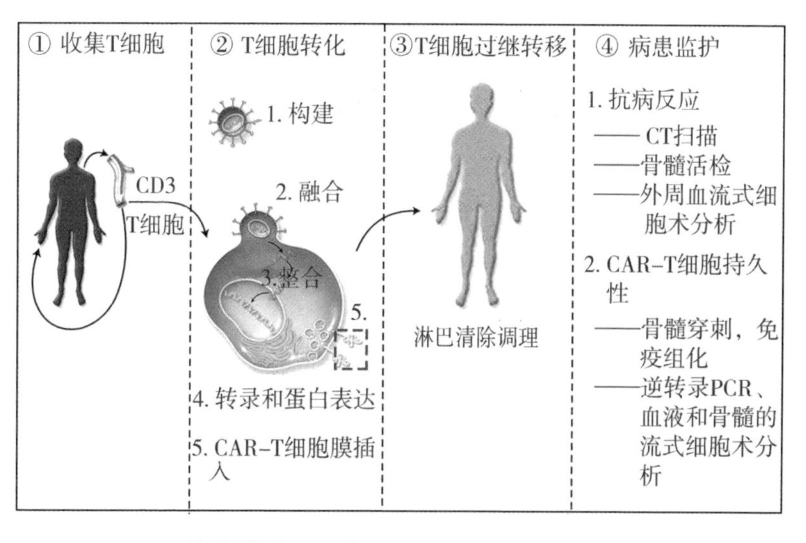

◆CAR-T治疗的过程示意图

3.4 细胞增殖与监控

细胞增殖是细胞生命活动的重要特征之一。单细胞生物的细胞增殖可使生物个体数量增加；多细胞生物由一个受精卵单细胞分裂发育而来，细胞增殖是多细胞生物繁殖的基础。成体细胞生物仍然需要细胞增殖，其主要作用是取代衰老、死亡的细胞，维持个体细胞数量的相对平衡和机体的正常功能。机体创伤愈合、组织再生、病理组织修复等，都依赖细胞增殖。细胞增殖是通过细胞分裂来完成的。

细胞从一次有丝分裂结束到下一次有丝分裂完成所经历的一个有序过程为一个细胞周期。其间，母细胞会将细胞遗传物质和其他内含物分配给子细胞。细胞周期分为间期、分裂期（M期）、胞质分裂期，其中间期又分为DNA合成前期（G_1期）、DNA合成期（S期）和DNA合成后期（G_2期）。细胞沿着$G_1 \rightarrow S \rightarrow G_2 \rightarrow M \rightarrow G_1$周期性运转，在间期细胞体积增大（生长），在M期细胞先是进行核分裂，接着进行胞质分裂，完成一个细胞周期。

所有细胞的细胞周期都是一样的吗？当然不是，比如单细胞生物一分为二只需要十几分钟，而哺乳动物体细胞完成一次分裂的时间在20个小时左右，这样的差异究竟是什么原因造成的呢？

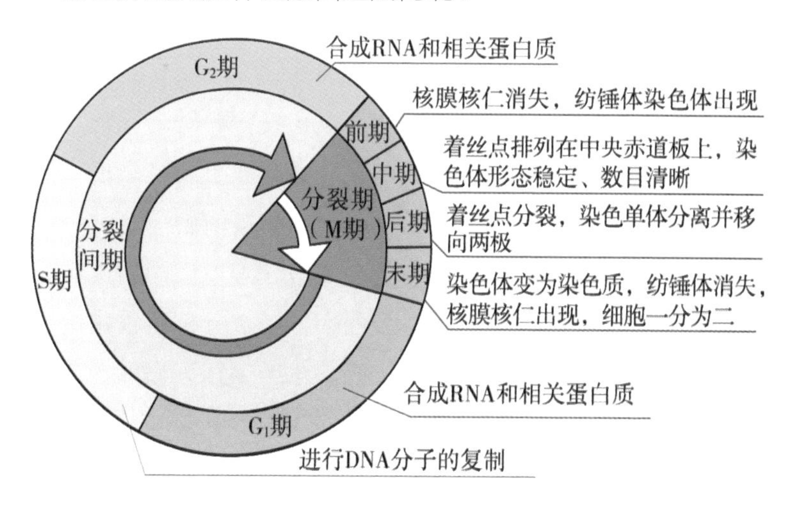

◆细胞分裂周期

不同种类细胞周期长短的差异主要发生在G_1期，比如酵母细胞周期持续时间较短，细胞分裂时核膜不解聚，纺锤体位于细胞核内。植物细胞的分裂方式跟动物的相似，但因为植物细胞含有细胞壁，所以在最后细胞完成分裂时，要先形成细胞板，然后形成细胞壁。另外，植物细胞的有丝分裂器纺锤体没有中心粒，这也是动物细胞分裂和植物细胞分裂的差别。在一定环境下，有性繁殖也有一些特殊的细胞周期，如爪蟾早期胚胎的卵裂，在卵裂过程中，不仅DNA合成快，而且没有G_1期，G_2期也很短，所以整个分裂周期都很短，因此两次分裂之间的时间比成体细胞短得多。

以上的例子都属于真核细胞分裂的主要方式——有丝分裂。真核细胞分裂的另一种方式是减数分裂。体细胞通过有丝分裂来增加细胞数量，而减数分裂是生物有性生殖的基础，也称为成熟分裂。减数分裂是生物有性生殖过程中，在产生成熟生殖细胞时进行染色体数目减半的细胞分裂。在减数分裂过程中，染色体只复制一次，而细胞分裂两次。减数分裂过程中同源染色体间发生交换，配子的遗传多样化，增加了后代的适应性，因此减数分裂不仅保证了物种染色体数目的稳定，也是物种为适应环境变化而不断进化的机制。

细胞增殖是通过严格调控细胞周期来实现的，在细胞周期的不同阶段，有一系列检查点对该过程进行严密监控。其中有一些不安分的细胞不想受到管束，它们会被机体的免疫系统清除。但是如果这些细胞运气好，没有被免疫系统发现并清除，则会转化为肿瘤细胞，逐渐癌变。所以，细胞周期检查点对细胞的正常增殖是极其重要的。那么，如何实现对细胞周期的监控？

19世纪60年代后期，在华盛顿大学工作的科学家利兰·哈特韦尔利用酵母遗传学和分子生物学方法开始寻找控制细胞周期的基因。他和他的同事把芽殖酵母放在不同的温度下生长，得到了许多种类的温度敏感突变株，其中有一些温度敏感突变株在细胞周期某些特定的阶段停止生长。他们从这些温度敏感突变株内鉴定出了大量的破坏细胞周期进程的突变基因。*cdc28*突变株是这些温度敏感突变株中的一种，*cdc28*基因也被证明是从S期向M期转换的关键因子。

在哈特韦尔进行这一系列研究的时候，保罗·纳斯正在英国读研究生，从事氨基酸代谢方面的研究。获得博士学位后，纳斯在英国爱丁堡大学开始了自己的研究生涯。他选择了裂殖酵母来寻找控制细胞周期的基因。通过采用与哈特韦尔相似的研究方法，纳斯很快就发现一种称为*wee*的细胞周期突变体，这种突变体细胞进入有丝分裂期后成为比正常细胞小得多的子代细胞。他克隆了*wee*的等位基因*cdc2*，并发现*cdc2*基因编码的酶不仅是细胞分裂开始过程所必需的，而且还决定着有丝分裂期时间的长短。随后的工作表明，*cdc2*基因编码的是一个分子量为34 000的蛋白激酶，能与周期蛋白结合后被激活，并促使细胞进入细胞周期。

1983年蒂莫西·亨特以海胆卵为实验材料，发现在其卵裂过程中两种蛋白质的含量随细胞周期而变化，两种蛋白质在间期开始合成，G_2期和M期达到高峰，M期结束后突然消失，下轮间期又重新合成。他将这两种蛋白质命名为细胞周期蛋白（cyclin）。后来，詹姆斯·马勒实验室和蒂莫西·亨特实验室合作研究发现周期蛋白B（cyclin B）是卵细胞促成熟因子（MPF）的调节亚基，它与CDC2酶，即MPF的调节亚基结合形成有功能的MPF。

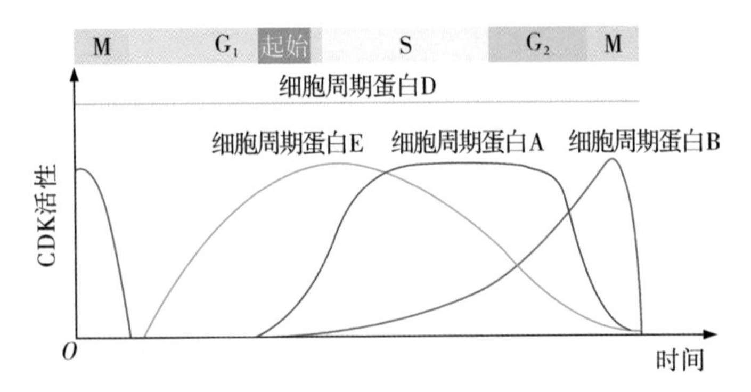

◆细胞周期蛋白在细胞周期时相中的变化

2001年10月8日美国科学家利兰·哈特韦尔，英国科学家保罗·纳斯、蒂莫西·亨特因对细胞周期调控机理的研究而荣获诺贝尔生理学或医学奖。

研究表明，裂殖酵母*cdc2*基因和芽殖酵母*cdc28*基因的序列相差无几，这两种蛋白有很高的同源性，都属于蛋白激酶家族的成员。1987年，纳斯在人体内的细胞中找到了与它们同源的*cdk1*基因，它与*cdc2*和*cdc28*基因几乎完全一样。

从低等生物到高等生物，细胞周期都是通过一个同样的机制进行调控的。一幅简化的控制图景可以描述为：特定的蛋白激酶启动并磷酸化特定的蛋白质，这些蛋白质性质的改变，使得整个细胞从S期进入M

期。这种模型也可以用来解释细胞周期其他各个时期的转换。

当然，不同有机体的细胞周期的具体控制机制并非完全一样。在单细胞真核生物中，负责细胞周期内蛋白质磷酸化的激酶通常只有一种，芽殖酵母中是CDC28酶，裂殖酵母里是CDC2酶。而在多细胞真核生物中参与细胞周期的蛋白激酶则有许多种。例如在人体细胞内，控制G_1期的主要是CDK2、CDK4和CDK6，S期和G_2期则依赖于CDK2，而M期则主要由CDK1负责。

细胞不但需要驱动细胞周期运转的“引擎分子”CDK，更需要控制其速度的“刹车装置”——CDI，即CDK的负调控因子。*p53*是一种肿瘤抑制基因。该基因的突变与多种肿瘤的产生有关。由这种基因编码的蛋白质是一种转录因子，控制着细胞周期的启动。当DNA受损时，*p53*基因被激活并表达出来，启动DNA修复系统。当DNA修复任务完成，重新连接细胞周期“开关”，细胞周期正常进行。当DNA不能得到修复时，P53蛋白将激活*p21*基因进行表达，指挥细胞周期负调控因子*p21*抑制“引擎分子”CDK的活性，诱导细胞通过凋亡程序死去。

除了*p53*、*p21*调控基因外，细胞还有一套完整的“刹车”系列装置，在细胞周期的不同时期执行各自的监控任务，保障细胞周期健康正常地运行。

3.5
失控细胞的命运

从某一角度来说，单细胞生命体通过分裂产生后代，犹如拥有了永生能力。它的遗传物质一直都保存在子孙后代的身体中。而多细胞生命体中只有生殖细胞的DNA能够遗传给后代，大多数细胞不会无限增殖。

失控细胞的结局，大家所熟知的例子就是癌症。从进化根源上可以理解成是人体细胞的“叛变”。癌症就是我们身体内某个原本循规蹈矩、放弃了繁殖机会的体细胞发生了遗传变异，然后疯狂地自我复制和繁殖后代，破坏了原有的生命形态，最终导致抗体死亡的过程。癌症与肿瘤不尽相同。肿瘤的基本特征是正常的细胞增殖与凋亡机制失控、扩张性增生的细胞群形成肿块。肿瘤又分为良性肿瘤与恶性肿瘤，我们通常所指的癌症是恶性肿瘤。区别于良性肿瘤，恶性肿瘤是一群能转移、侵袭周围组织和器官的癌细胞，它会破坏受侵染的脏器，最终使机体衰亡。

那么，癌症的严重性与肿瘤大小的相关性如何？一名越南人，他4岁开始就长肿瘤，等到30岁的时候右腿肿瘤已达到惊人的80千克！在这26年中，他慢慢失去行动能力，但是奇怪的是，他居然没有太多别的症状，在做完手术后，看起来也比较正常。这种肿瘤看起来很恐怖，却没有太大的杀伤力，可以肯定这种巨大的肿瘤是良性肿瘤，即使过了20多年依旧没有转移扩散，切除后一切便能恢复正常。显而易见，良性肿瘤和恶性肿瘤的区别之一在于肿瘤细胞是否发生转移。

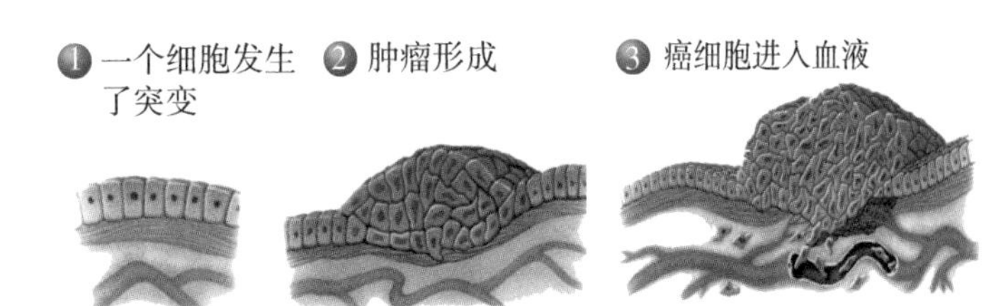

◆肿瘤的形成与扩散

癌基因分为两类。一类是病毒癌基因，能编码病毒癌基因的主要有DNA病毒和RNA病毒两种，其中对反转录病毒癌基因的研究很广泛。另一类是细胞癌基因，又称原癌基因。1910年佩顿·劳斯将鸡肉瘤的无细胞抽提液接种到健康鸡的体内，诱发了新的鸡肉瘤，由此发现了反转录病毒的致癌作用。1970年，科学家进一步证明细胞的癌变与反转录病毒基因组中一个特殊的基因相关，但直到1976年才从劳斯鸡肉瘤病毒中成功地分离出这个基因，命名为*src*。*src*基因产物是一种酪氨酸激酶，能够催化细胞内某些蛋白质的酪氨酸磷酸化，使蛋白质的构型和功能改变，以致诱发细胞转变（癌变）。这是人类第一次从基因水平上证实了与肿瘤相关的基因。以后越来越多的这类基因被分离出来，它们被称为病毒癌基因。

研究者们以各种病毒癌基因的互补DNA为探针，与正常人的或动物的细胞基因组DNA杂交，发现这些细胞基因组中都存在与病毒癌基因同源的序列，这些同源序列被称为细胞癌基因。在正常细胞内，未激活的细胞癌基因叫原癌基因。实质上，原癌基因是人或动物基因组中一类固有的、正常的结构基因，是细胞正常生长与分化所必需的、具有转变为癌基因潜力的正常基因。当这些原癌基因表达适时适量的蛋白质时，可以调控细胞的正常分裂和分化。但是，在某些外界因素作用下，如物理辐射、化学药物刺激等，原癌基因的表达会发生紊乱，使正常细胞的分裂和分化失控。因此，原癌基因在细胞癌变和肿瘤发生过程中扮演着重要的角色。

人体细胞每天都会受到不同的刺激，是否只要有不符合细胞周期的细胞出现就会发展成威胁生命的癌症呢？回答是否定的。对于这种“叛变”的细胞，人体早已在漫长的进化过程中，拥有了极强的“镇压”能力。因为，细胞内还存在着使细胞不能癌变和使机体不长癌的基因，这类基因被称为抑癌基因。当人体内环境出现问题又有外界因素刺激时，原癌基因与抑癌基因可能会发生突变。当这些基因的突变发生累积效应的时候，它们会导致肿瘤细胞的产生，在体内无限增殖，夺取正常体细胞的养分和生存空间，最终夺取人类的健康和生命。

研究表明，产生一个完全成熟的癌细胞需要体细胞发生多次突变。比如，结肠癌的致癌过程为：癌变细胞的最初表现是细胞的非正常分裂，之后癌变部位有良性肿瘤出现（息肉），最终变为恶性肿瘤。在多数情况下，这些在细胞水平上的变化与DNA水平上的变化是平行的，包括一个原癌基因的激活和两个抑癌基因的失活，基因突变导致信号传导通路的改变，这样我们就能理解为什么癌症的发生需要很长的时间。

《2014年最新研究解析中国肿瘤流行病谱》显示，以平均寿命74岁计算，每个人一生当中患癌的概率是22%，许多人都绕不过癌症的话题。

疾病是由内因（先天的遗传基因）和外因（生存环境、饮食结构、生活习惯等因素）共同作用的结果。在人类的健康因素中，遗传因素所占比例为10%~15%。据统计，全世界因遗传致病的人口数量占世界总人口的15%，决定性的因素是遗传基因。例如父母或祖辈有患肝癌去世的，那么他们的子孙患此病的概率比其他人稍高些。又如，众所周知抽烟有害健康，但并非每个抽烟的人都会得肺癌，有的抽到八九十岁也没事，而有的老公抽烟，不抽烟的妻子反而患上了肺癌，可能因为他妻子生下来就有肺癌易感基因。

2013年著名演员安吉丽娜·朱莉为了预防乳腺癌而果断切除了双侧乳腺，之后一段时间又切除了卵巢和输卵管，世界为之哗然。其原因是她携带了遗传性*brca*1突变基因。*brca*1是抑癌基因，朱莉由于丢失了这个基因，变得比普通人更容易得癌症，尤其是乳腺癌和卵巢癌。朱莉家人中有3名女性年轻时都患有这两种癌症，后续基因检测也确认了她携带有*brca*1突变基因，统计数据预测朱莉70岁之前患乳腺癌和卵巢癌的概率超过50%。

虽然带有癌易感基因的人群比普通人更容易患癌症，但这并不意味着该类人一定会患癌，即使像朱莉那样携带了*brca*1突变基因，她70岁之前患乳腺癌和卵巢癌的概率也不是100%，除了受基因影响外，她是否致病还与环境因素及个体的防御能力有关。

致癌的外界因素主要有X射线和阳光紫外线。X射线是导致脑癌和白血病的重要外界因素。经常暴露于强烈的阳光下，人会患皮肤癌。而数量最大的致癌物质是化学诱变剂，如发霉的食品、烟草等，致癌物质不仅可以引起基因突变，还可以刺激细胞分裂引起癌变。通常细胞分裂越快，DNA复制和产生突变的可能性越大。

避免接触致癌物质并不是唯一的预防手段，健康的饮食、生活状态都可以降低癌症发生的概率。另外，保持积极向上的良好心态也很重要。

生命的承受力是有限度的，超过了这个限度，早晚会出问题。人体内肿瘤从最初出现到长成米粒大小需要几年至数十年的时间，其间几乎没有任何症状。而由米粒大小突变到杏仁大小的恶性肿瘤则只需一年左右，假如不及时发现与治疗，发展到晚期癌症仅仅只需要几个月的时间。

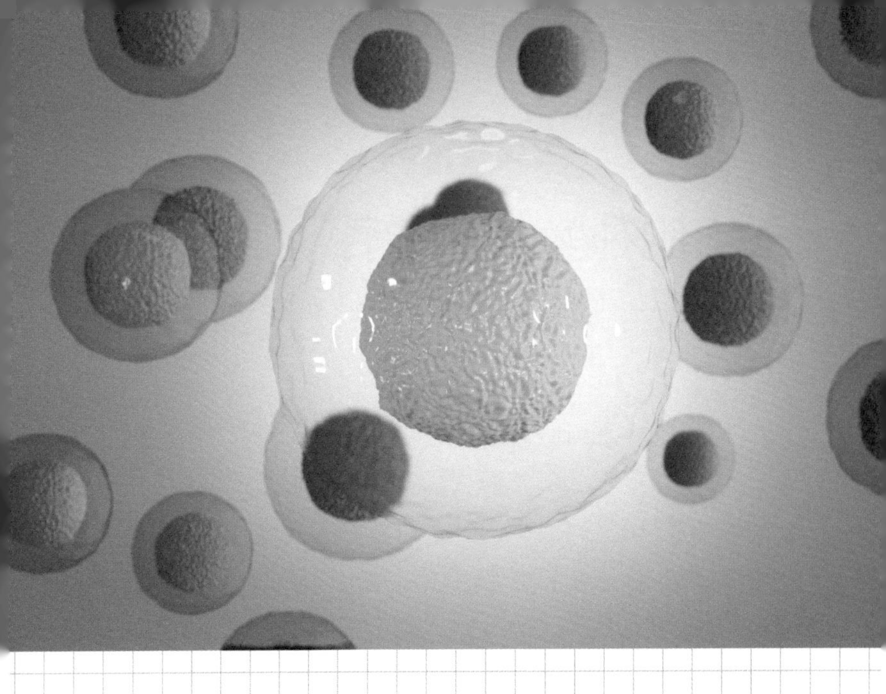

第四章　万能的干细胞

干细胞是一种未经过分化的细胞，具有再生各种组织器官的潜在功能，被医学界称为“万能的干细胞”。在谈论用干细胞治疗疾病之前，首先介绍一下什么是干细胞，干细胞从哪里来？是什么样的特性赋予了干细胞在医学中的巨大力量？

4.1 干细胞种类与多能性

干细胞（stem cells）的“干”是译自英文单词stem，是“茎干”“起源”的意思，类似于一棵树的树干，可以长出树杈、树叶，可以开花、结果等。干细胞是未充分分化的细胞，也就是没有特殊功能的细胞。皮肤细胞可以保护身体，肌肉细胞可以收缩，神经细胞可以传递信息；干细胞却没有任何特殊结构或功能，但干细胞有潜力变成人体中任何一种细胞。

干细胞可以生成人体内多达220种不同类型的细胞，比如神经细胞、肝脏细胞和心肌细胞等，这就是干细胞的分化潜能。干细胞另一个重要的特征是自我更新，即它能进行受控的自我复制式增殖，以维持一定数量的储备。

干细胞根据分化能力分为全能干细胞、多能干细胞和单能干细胞。全能干细胞能发育成一个完整的个体，如受精卵、囊胚期卵裂球；多能干细胞具有分化成多种细胞的能力，如造血干细胞可以发育成白细胞、红细胞、血小板等不同类型的血细胞；而单能干细胞只能向一种类型或与之密切相关的细胞类型分化，如骨骼肌干细胞就只能分化成横纹肌细胞这一种细胞。干细胞根据来源的发育阶段又分为胚胎干细胞和成体干细胞。

胚胎干细胞（embryonic stem cell，简称ES细胞或ESC细胞）是早期胚胎（原肠胚期之前）或原始性腺中分离出来的一类细胞，它具有体外培养无限增殖、能够自我更新和多向分化的特性。无论在体外环境还是体内环境，ES细胞都能被诱导分化为几乎所有类型的机体细胞，除了脐带和胎盘等附属组织。1981年英国剑桥大学马丁·埃文斯和美国加州大学旧金山分校吉尔·马丁同时建立了小鼠胚胎干细胞系，1998年美国威斯康星大学吉姆·托马森分离并建立了人胚胎干细胞系，2008年英国剑桥大学的奥斯汀·史密斯和美国南加州大学的应其龙成功地分离并建立了大鼠胚胎干细胞系。

胚胎干细胞的应用非常广泛，一方面，它可用于动物胚胎发育的基础研究；另一方面，它是构建转基因动物的关键材料。在体外通过基因重组技术将胚胎干细胞内的某一特定基因进行修饰，然后利用显微注射技术将其注入胚胎中，最终可以获得经特定基因修饰的实验动物，这一技术大大加快了动物胚胎发育研究和新药筛选的进程。美国的马里奥·卡佩奇、奥利弗·史密斯和英国的马丁·埃文斯获得了2007年度诺贝尔生理学或医学奖，就是由于他们在改造活体特定基因的“基因靶向”技术等方面做出了奠基性贡献。

20世纪80年代，卡佩奇和史密斯设想把外源DNA导入老鼠细胞染色体的特定位置。由于导入的DNA可以预先进行修饰，科学家可以任意改变特定的基因。几年之后，他们的实验证明以老鼠特异基因为靶标的方法是可行的。1981年，埃文斯和他的同事通过把经基因敲除技术处理的ES细胞注射入正在发育的胚胎，最终得到“基因敲除”的小鼠。

人们预计科学家们将很快实现对所有小鼠基因的敲除，从而确定单个基因在健康和疾病中的角色。目前，运用基因打靶技术已经形成了500多个不同的人类疾病小鼠模型，涉及心血管疾病、神经退化疾病、糖尿病和癌症等。这项在老鼠身上进行的“基因打靶”技术，极大地影响了人类对疾病的认识，已被广泛应用在几乎所有的生物医学领域。

人体持续更新的组织如骨髓、皮肤、肠黏膜上皮等存在于干细胞池中，通过干细胞不间断地增殖、分化而产生的成熟细胞，称为成体干细胞。关于肝脏再生与干细胞的研究一直未间断。肝脏再生不是什么超凡技能，很多动物甚至是人类都有这样的能力。人类最多可承受70%的肝脏损失。

关于肝脏中的干细胞问题，科学界一直存有争议。现阶段认为，成熟肝细胞在正常的情况下是处于细胞分裂的静止期（G_0期），在肝损伤后可以不间断地恢复增殖能力。而在胆管树的末梢区域存在一群未定性的间质细胞，在肝脏严重受损或成熟肝细胞增殖受阻的情况下，它们可以被激活、增殖，大量出现在肝小叶外周区域，体积较小、增殖活跃的肝卵圆形细胞被认为是肝脏干细胞，它与胚胎阶段的肝脏干细胞、造血干细胞具有相似的细胞标志。

造血干细胞是骨髓中的干细胞，具有自我更新能力并能分化为各种前体细胞，最终生成各种血细胞成分，包括红细胞、白细胞和血小板，干细胞可以救助很多患有血液病的人，最常见的血液病就是白血病。

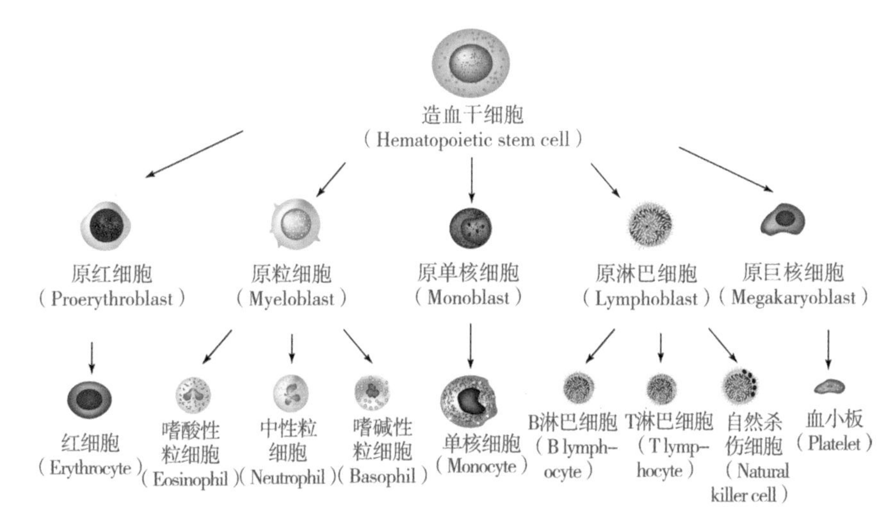

◆造血干细胞分化

造血干细胞移植术是采集足够数量的造血干细胞后，进行严密的分型和配型，再移植给受体的治疗过程。造血干细胞移植按来源部位可分为骨髓移植、外周血造血干细胞移植和脐血干细胞移植。现在我们提倡的是外周血造血干细胞移植，即用外周血动员剂，将骨髓中的造血干细胞动员入血，然后用采血的方法来采集，用这样的方法捐献者没有什么痛苦，血液可回输到捐献者体内。一个体重为50千克的成人，体内血液的总量约为4000毫升。捐献一个治疗量的造血干细胞悬液只需要50~300毫升，约占人体血液总量的8%。一次性失血不超过体内总血量的15%，不会影响机体的正常生理功能，也不会危及健康及生命。

间充质干细胞被认为是最接近临床应用的干细胞产品。间充质干细胞存在于机体各种组织、组织液和分泌物中，如骨髓、脐带血和脐带组织等。胎盘、脐带血中含有大量的间充质干细胞，它们的增殖能力、免疫调节能力强，分泌细胞生长因子的总量也非常高。脐带血的间充质干细胞因取材方便，无道德伦理争议，可获取的细胞数量多、活力强，便于扩增和传代，也没有配型、排异等问题，极其适合于临床研究和应用。间充质干细胞是继胚胎干细胞、造血干细胞之后的又一科研热点，是一种能够治疗多种系统疾病的“实用型干细胞”。研究发现，间充质干细胞具有多向分化、造血支持、促进干细胞植入、免疫调控和自我复制等潜能。间充质干细胞的免疫调节具有“变色龙”特性，它好像是炎症环境的一个调和剂：当炎症反应强时，它就会抑制免疫反应；当炎症反应弱时，它反而可能促进免疫反应。而人体内环境复杂多变，在不同的炎症反应情况下，间充质干细胞发挥着很强的免疫调节作用。

脂肪间充质干细胞是来源于脂肪组织的干细胞，与其他成体干细胞一样具有自我更新和多向分化的能力，在诱导条件下可以分化成为神经细胞、免疫细胞、胰岛细胞、肌细胞、肝细胞、软骨细胞、基质细胞。脂肪间充质干细胞取材容易，浓度高出骨髓500倍以上，细胞性状较其他干细胞培养更加稳定、安全可靠，其分化能力强大，可以分化为各个系统的功能细胞。而且脂肪间充质干细胞不会随着人的年龄增长而活性下降，它比其他来源的干细胞更加稳定。

干细胞存在于容纳和调节它们的特化“生境细胞”间，即微环境细胞，它为干细胞提供了庇护所，使得干细胞免受分化、凋亡及其他刺激的影响，因为这些刺激会威胁干细胞的储量。微环境也能抵抗过多的干细胞产生，避免癌症的发生。干细胞必须周期性地被激活和产生祖细胞或短暂扩充细胞及定向地产生成熟细胞。因此，维持干细胞静止和活动的平衡是功能性微环境的一个特点。如在小肠上皮隐窝处存在着一群静止的干细胞（黄色）及被激活的干细胞

（粉红色），这种状态的精准调控是由周边的“生境细胞”，即间充质细胞（绿色）通过分泌激活型或抑制型的细胞信号因子（BMP、Noggin、Notch、Wnt等）完成的。

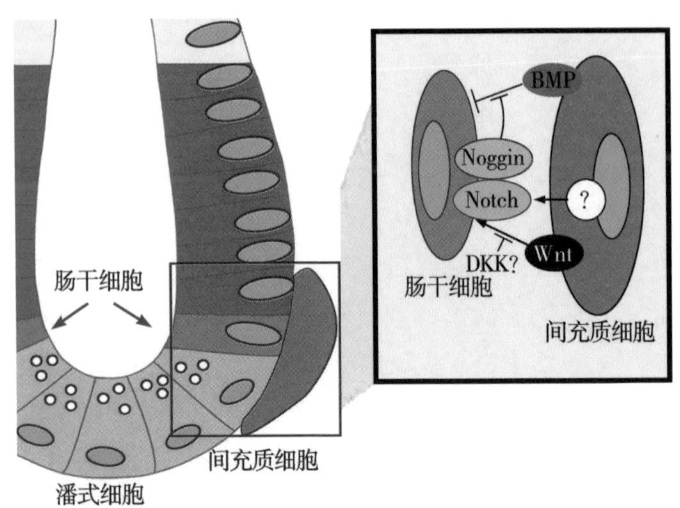

◆肠上皮干细胞（粉红色）与其间充质细胞（生境细胞，绿色）之间的信号调节

注：“？”表示不确定的产物

干细胞是一种具有无限自我复制能力和向多种细胞分化潜能的细胞，在体外扩增干细胞的瓶颈技术是，既要维持干细胞不断地增殖，又要防止其向其他类型细胞分化。2016年，英国剑桥大学的奥斯汀·史密斯和他的博士后应其龙发现了2i（两个小分子抑制剂）干细胞培养基，并获得了干细胞领域的权

威奖项——麦克维斯发明奖。

最近几年人们可以利用动物肌肉干细胞生产“人造肉”了。2013年荷兰的马克·波斯特教授向全世界媒体和美食家展示了人造汉堡，从此掀起在实验室培育“人造肉”的热潮。这些肌肉干细胞有多种来源，有些来自原代细胞的动物肌肉，有些来自胚胎干细胞或多能干细胞。不过，无论何种来源都离不开肌肉干细胞，因为只有肌肉干细胞能大量增殖并培育出大量的肌肉纤维细胞。据报道，微软创始人比尔·盖茨和维珍集团创始人理查德·布兰森都已投资了人造肉产业。

4.2
诱导多能干细胞与克隆动物

2012年10月8日，日本京都大学教授山中伸弥和英国科学家约翰·戈登因“发现成熟、特化的细胞可以被重新编程，变成身体的所有组织”而获得了诺贝尔生理学或医学奖。这两位科学家到底有什么神奇的发现呢？

1933年10月2日出生的英国科学约翰·戈登发明了一种皮肤细胞“时针倒拨”术，该技术能够诱导“克隆动物”的产生。1958年戈登做了一个划时代的试验，将美洲爪蟾的小肠上皮细胞核注入去核的卵细胞中，结果发现一部分卵细胞依然可以发育成蝌蚪，其中的一部分蝌蚪可以继续发育成为成熟的爪蟾。这一成果为之后的细胞编程研究指明了方向。将成熟细胞重新编程使其可以分化为任何细胞，这一理念对于修复化疗后的受损组织或骨髓很有帮助。细胞核重新编程不仅开创了新的细胞繁殖培育方法，还开创了成熟细胞转化为充满活力的干细胞和克隆研究的

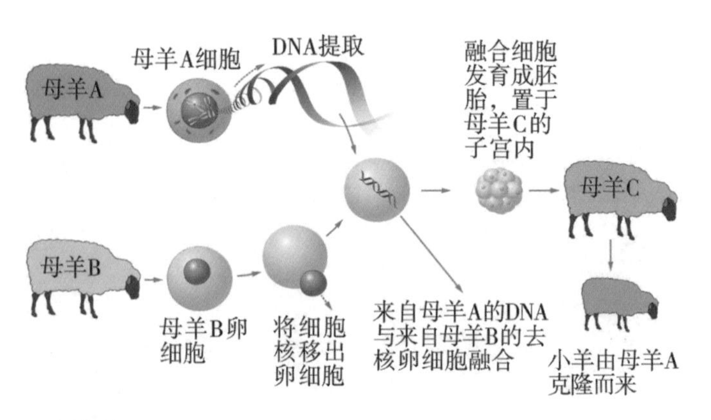

◆克隆羊

先河。

在此基础上著名的克隆羊“多利”得以诞生。1997年2月27日的英国《自然》杂志报道了一项震惊世界的研究成果：1996年7月5日，英国爱丁堡罗斯林研究所的伊恩·维尔穆特领导的一个科研小组，利用克隆技术培育出一只小母羊。这是世界上第一只用已经分化的成熟的体细胞核（乳腺细胞），通过核移植技术克隆出的羊。克隆羊多利的诞生，引发了世界范围内关于动物克隆技术的热烈争论，是克隆技术的一大飞跃。它还被美国《科学》杂志评为1997年世界十大科技进步的第一项。

日本的山中伸弥在攻读博士学位期间，对小鼠基因敲除和转基因技术的发展感到震惊。1993年，他博士毕业后去美国加州大学旧金山分校的心血管疾病研究所留学，在那里接触了胚胎干细胞的相关研究成果。留学结束回到日本后，为了吸引学生到他的实验室来，山中伸弥提出了一个雄心勃勃的计划：将终末分化的成体细胞变回到多能干细胞。当时科学界的主流是研究怎么把胚胎多能干细胞分化成各种不同组织的细胞，以期用这些分化的功能细胞取代受损的或者有疾病的组织细胞。2006年山中伸弥等科学家设计的实验是从其他科学家已经公布的研究结果中挑选出24种最有希望的转录因子，将不同组合的因子分别转入小鼠的成纤维细胞，几天后，一个划时代的奇迹竟然发生了！有一个4因子组合竟然将小鼠成纤维细胞诱导为未成熟干细胞。

被鉴定出的这4个明星因子是：Oct3/4、SOX2、c-Myc和KLF4。控制这4个蛋白质的基因是由逆转录病毒载体携带，且其中的*c-Myc*是原癌基因，因此这些iPS细胞存在癌变的风险。山中伸弥诱导普通成体细胞得到诱导多能干细胞（iPS cell），就好像把已经完成分化的皮肤细胞“时针倒拨”，使之回到分化前的状态。iPS cell在建立个性化的细胞疾病模型、药物筛选及机体修复等方面均发挥了重大作用。

iPS cell出现后，世界各国科学家利用iPS cell培育出心脏细胞、神经细胞等，却一直没有人利用iPS cell成功克隆出一个完整的生命体。中国科学家周琪的研究团队于2008年11月利用iPS cell培育出小鼠——小小。“小小”是利用iPS cell得到的成活的具有繁殖能力的小鼠，从而在世界上第一次证明了iPS cell与胚胎干细胞具有相似的多能性，未来或许和胚胎干细胞一样可以作为治疗各种疾病的潜在来源，该研究成果发表在国际顶尖期刊《自然》上并入选《时代周刊》2009年度十大医学突破。“小小”虽小，但是一次飞跃，“小小”接过了“多利”点燃的火炬。

4.3 干细胞与人造类器官

在自然界中，有的动物缺失了器官可以再生，比如蝾螈和海星，当然并不是只有蝾螈和海星的器官可再生，斑马鱼的心脏也可再生，但我们人类大部分器官没有这些动物器官的再生“魔力”。由于多种原因，我们的器官会出现不少的毛病。比如先天性心脏病、肾脏疾病等；车祸、战争等外界因素导致的一些脏器损伤。器官损伤不仅加重了患者的痛苦，更严重的是会导致患者死亡。因此，数十年来，医学界一直希望能够开发出合适的人造器官，加深对疾病发生机制的研究，测试新药的安全性和有效性，生成健康的组织或器官来替换病变组织或器官。

荷兰干细胞与发育生物学研究所的汉斯·克莱弗斯的研究团队采用肠干细胞来培养出类肠道。他们先获取肠干细胞，然后用类似于细胞外基质的软胶作为人工基底膜来培养这些干细胞，这些干细胞形成了中空的球状结构，表面遍布着多节突起的微型类肠器官，是典型的肠绒毛和隐窝，和真实的肠结构几乎一模一样。他们将这些微型肠用于潜在治疗药物的筛选，选出了Kalydeco，一种治疗囊性纤维变性的特效药，对100名囊性纤维变性患者都有治疗效果。

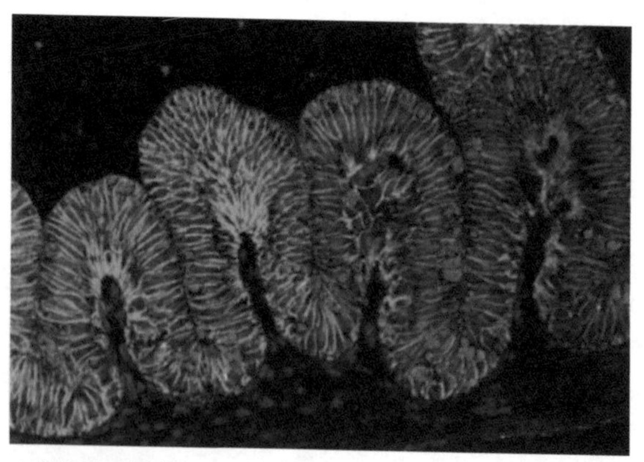

◆微型肠结构

美国辛辛那提儿童医院医学中心的发育生物学家詹姆斯·威尔斯研究团队调节了胚胎干细胞内的两个关键的信号通路后，干细胞层长出了微小的圆形细胞芽。威尔斯注意到，这种“类球体”很像受孕4周后形成的原肠管，而从嘴巴到肛门间的所有器官（食道、肺、气管、胃、胰腺、肝脏、肠、膀胱等）都来自原肠管。

人的胃和大多数实验动物的胃不同，因此没有很好的动物模型。2014年，威尔斯和他的团队培养出和胃窦相似的类器官，利用这一模型系统，他们弄清楚了启动胃底发育的化学信号。虽然这块活体组织的大小不超过一粒芝麻籽，但是这些微型胃可以用于测试一些有关人类疾病的项目，例如向其注入幽门螺杆菌。此外，这些“类胃器官”未来可以用来了解癌症等疾病，并测试胃对药物的反应。

2011年11月，维也纳分子生物技术研究所的博士后玛德琳·兰卡斯特发现培育的细胞无法附着在培养皿底部，而是漂浮在上方，形成奇怪的牛奶状的球形悬浮物。开始她不知道它们究竟是什么，但很快她就在球形体中发现了一个奇怪的色素点，放在显微镜下仔细观察，她意识到这是发育中的视网膜暗细胞。当她切开其中的一个球体，可以看到其中包含着各种类型的神经元——这些细胞已经自行聚合起来，形成了一个像胚胎大脑一样的东西。早在2008年，日本研究人员已成功利用小鼠和人类的胚胎干细胞培养形成了一个类似于大脑皮层的分层球状体。

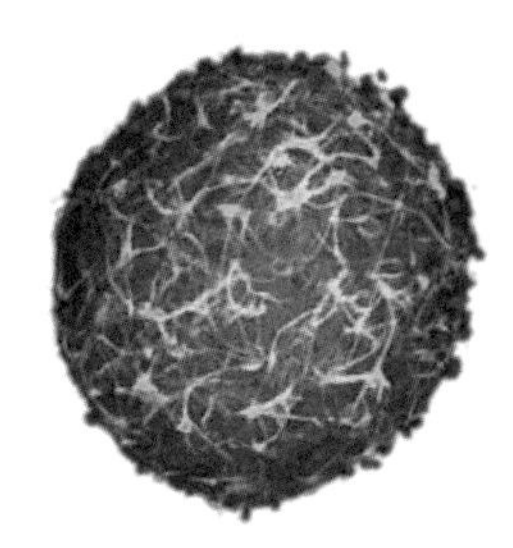

◆ “迷你大脑”

2019年12月26日，来自美国宾夕法尼亚大学费城分校的宋洪军、明国莉团队在学术期刊《细胞》（*Cell*）上发表文章*A Patient-Derived Glioblastoma Organoid Model and Biobank Recapitulates Inter-and Intra-tumoral Heterogeneity*，建立了病人源性胶质母细胞瘤类器官模型和生物库，涵盖了肿瘤内及肿瘤间异质性。

4.4
干细胞与疾病治疗

干细胞治疗是利用干细胞或其衍生物来促进病变或有功能障碍的器官或受损组织的修复。随着科学技术的发展，科研人员能够在实验室中培养干细胞，这些干细胞被用来分化成特定类型的细胞，例如心肌细胞、血细胞或神经细胞。这些细胞有助于修复相应的有缺陷的组织或器官。以干细胞治疗疾病的方法极具潜力，这已经是不争的事实。那么，干细胞是否已经可以用于疾病的临床治疗？这是人们最关心的问题。中国科学院上海生命科学信息中心于2018年通过检索科睿唯安（Clarivate Analytics）的Cortellis数据库的数据，分析后发现：已有5种间充质干细胞治疗产品上市，9种处于注册及临床Ⅲ期，未来市场上的间充质干细胞治疗产品将呈现快速增长趋势。

帕金森病是一种进展性的中枢神经系统变性疾病，主要病理特征是黑质多巴胺能神经元变性死亡和脑干神经元内α突触核蛋白积聚形成路易体。治疗的方法是补充或取代丢失的多巴胺。缺乏多巴胺会导致运动机能下降、行走困难和无意识颤抖，目前尚无根治方法。随着病情的发展，它还可能导致痴呆。多能干细胞疗法为帕金森病患者带来新的希望。由人胚胎干细胞分化来的神经前体细胞在脑内可以继续分化成为多巴胺能神经元，可以补充帕金森病患者缺失的多巴胺能神经元，理论上可以治疗帕金森病。

iPS cell拥有与胚胎干细胞相似的分化潜力，理论上也可以用于治疗帕金森病。美国一间公司发明了全球首个治疗帕金森病的多能干细胞疗法，并获得了美国专利保护。

中国科学院遗传与发育生物学研究所研究员戴建武领导的再生医学实验室研发智能胶原生物支架，该团队于2014年与南京鼓楼医院合作，开展了宫内膜再生临床实验。研究团队通过提取患者自身骨髓干细胞，将其附着在可降解的生物支架上，用支架材料的孔隙和干细胞的分化功能完成内膜组织的再生，结合传统宫腔镜，实现了受损子宫内膜的功能性修复。2014年7月，在南京鼓楼医院，世界首例干细胞修复母体子宫内膜，进而孕育出的健康婴儿出生，这是我国科学家对干细胞修复技术的一次成功应用。在此基础上，戴建武的研究团队进一步与鼓楼医院合作，于2015年在国际上率先开展脐带间充质干细胞卵巢内移植技术治疗卵巢早衰合并不孕症临床研究，此临床实验中的首个健康婴儿于2018年1月12日在鼓楼医院出生。

干细胞在临床方面的应用仍在探索阶段，如何获取大量有效的干细胞，以及保证其在移植过程中的稳定性与安全性还有待今后不断研究。

4.5 胚胎干细胞的伦理与诱惑

人类面临的许多重大疾病都没有很好的治疗手段，以干细胞研究为主体的再生生物学为解决医学及生命科学的这些难题提供了新的解决方法。然而，干细胞是一把“双刃剑”，在干细胞研究快速发展的过程中，也带来了不可避免的学术道德问题和伦理问题。

人类胚胎干细胞研究涉及人类胚胎在伦理及法律上的定位问题，由其引发的伦理问题有：生命有没有价值等级？人类胚胎是否算人？如果答案是否定的，胚胎发展到何种阶段才算是人？这种研究会不会发展为生殖性克隆（克隆人）？这些问题越来越受到人们的关注。

目前，人类胚胎干细胞研究伦理规范的核心问题主要围绕胚胎的道德地位展开，涉及尊重、公正、有利、知情同意等伦理原则，具体规定了“14天规则”。“14天规则”是指人体胚胎体外培养不能超过14天。这个规定得到了英国人类受精与胚胎委员会的支持，1990年被英国纳入《人类生殖与胚胎学法》，后来这一规则又体现在许多国际组织和国家的法规中。因为14天通常是划分生物个体分化的时间界限，14天以内的胚胎因为原条还没有形成，所以不能算作独立生命个体。

明确人类胚胎干细胞研究的伦理定位，既能给科学家以广阔的空间来发展科学、造福于民，又有利于充分开展人类胚胎研究，尊重人的权利和尊严，为人类的生存和发展不断开拓新领域。

有关胚胎干细胞的研究和争论，既挑战人类智慧，也挑战人类道德观。著名生命伦理学家雨果·恩格尔哈特用“文化战争”来描述关于胚胎干细胞激烈的伦理争论。他认为，“文化战争”中的战斗在不远的将来将决定生命伦理学的特点。在健康与疾病、生存与死亡这类最为敏感的问题中，干细胞注定要与文化道德纠缠在一起。希望我们会处理好这个问题，让“万能”的干细胞最终造福于人类。

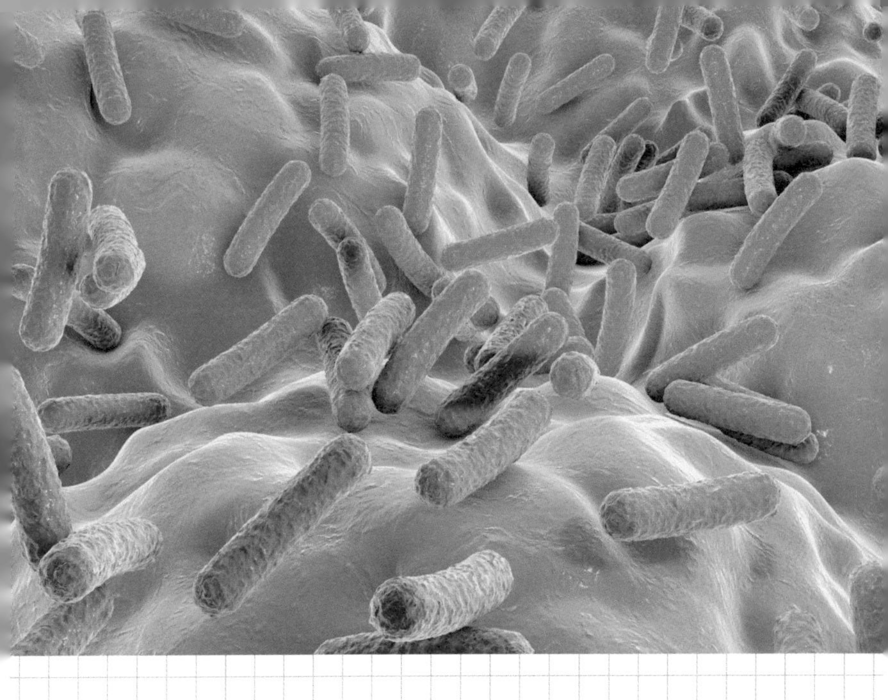

第五章　细胞社会与环境

人类赖以生存的地球物种丰富，从寄生的病毒、单细胞自养藻类，到由多细胞构建组织器官的人类。生命起源之初，生物形式单一，当时的地球环境并不适合生物的生存和繁衍。那么我们的这些“祖先”在远古时代是如何克服环境的压力，生存和繁衍的呢？这就是本章将要探讨的话题：细胞社会与环境。生物为何会进化出有性生殖的繁殖方式？寄生在乌贼体内的发光菌是如何与宿主互利共生的？蜜蜂严谨的社会结构和分工合作，在生物学上是怎么实现的呢？环境也能决定性别，你感到震惊吗？人脑中的神经细胞是如何适应环境并参与学习与记忆的？

5.1 繁殖方式对环境的适应性

繁殖方式的多样性充分体现了适者生存的进化法则。水螅具有有性生殖与无性生殖两种繁殖方式，也就是具有目前为止我们发现的所有繁殖方式。因此，水螅是我们研究生物繁殖问题最好的样本。它们在天气寒冷的季节进行有性生殖，受精后形成囊胚以孢子的形式沉入水底躲过寒冷的季节，而在春暖花开、食物充裕的季节进行无性生殖，即出芽生殖。可以看出，水螅有性生殖的发生是对生活条件变化做出的反

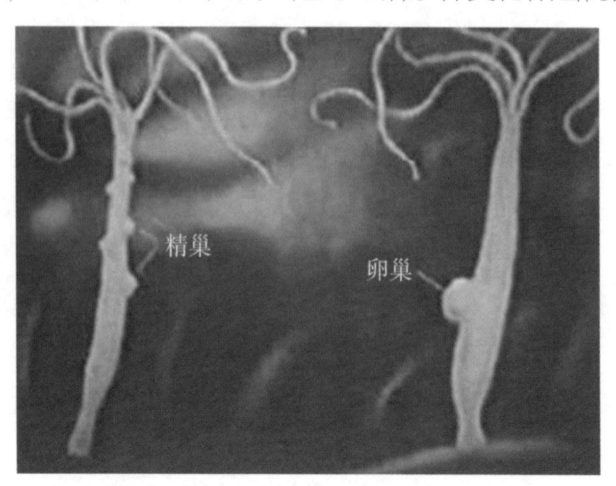

◆水螅的有性生殖

应，如水温、光照、pH值、环境中氧和二氧化碳的含量及食物等的变化。

◆水螅的无性生殖

有性生殖是由亲本产生有性生殖细胞（配子），经过两性生殖细胞（如卵细胞和精子）的结合，成为合子（如受精卵），再由合子发育成为新个体的生殖方式。无性生殖是一种无须寻找交配对象、不受时间限制的生殖方式，它不像有性生殖那样牵涉错综复杂的遗传物质。为什么有性生殖能够帮助水螅抵御不良环境的影响？生物为何会进化出有性生殖这种繁殖形式？

有性生殖产生的后代中随机组合的基因对物种可能有利，也可能不利，但至少会增加少数个体在难以预料和不断变化的环境中存活的机会，从而对物种有利。有性生殖还能够促进有利突变在种群中的传播。如果一个物种有两个个体在不同的位点上发生了有利的突变，在无性生殖的种群内，这两个突变体可能存在竞争，直到其中一个被消灭为止，无法同时保留这两个有利的突变。但在有性生殖的种群内，通过交配与重组，可以使这两个有利的突变同时进入同一个体的基因组中，并且同时在种群中传播。由于上述原因，有性生殖加速了进化的进程。

5.2 细胞群体智慧：合作与共生

单细胞生物在面对早期地球恶劣环境时，举步维艰；但当大家“抱成团”，有了最初的交流和协作后，抵抗力与忍耐力增加，加速了生命繁衍的进程。

黏菌（盘基网柄菌），是一种简单的真核微生物，生活在富含有机物的土壤中，靠吞噬细菌为生。在营养体阶段，它是自由生、无细胞壁、由多核的黏菌原生质组成的原质团。当食物匮乏时，大量单个黏菌集合成“社会群体”，出现有趣的集群现象，互利共生渡过难关。它们是由饥饿细胞以每5～10分钟的同步化脉冲发射cAMP（环腺苷-磷酸，一种引诱化学信号），并在水膜中放射扩散，相邻的黏菌在表面受体收到信号后，以释放自身的cAMP作为应答，细胞一个连一个，形成“溪流”，最后聚集成一个由1000个以上的“个体”组成的集群——子实体，子实体中的孢子成熟后，从囊中释出，在潮湿的表面上萌发，生出游动孢子。游动孢子可两两结合，成为二倍体合子。许多合子聚集在一起，又形成多核原质团，独立生活。

而在多细胞生物体内，没有哪个细胞是“独立”的，它们通过细胞通信、细胞连接及细胞与细胞外基质的相互作用，构成复杂的细胞社会，产生社会联系。细胞的社会联系在胚胎发育、组织构建等过程尤为重要，体现在细胞与细胞之间、细胞与胞外环境甚至机体之间的相互作用、相互制约和相互依存上。

20世纪60年代发现了一种会发光的细菌——费氏弧菌，它住在一种叫作夏威夷短尾乌贼的海洋生物体内。它有一个很奇妙的特性：单个细菌是不会发光的，而当一大群同类聚集在夏威夷短尾乌贼体内的时候才会不约而同一起发光，把夏威夷短尾乌贼的肚子照得透亮。这就是一种初级的个体之间相互交流和合作的模式，是共生的一种。

夏威夷短尾乌贼习性很特别，它们白天睡觉，夜晚出动，在浅海的海底捕食。如果它们在晴朗的夜晚出来捕食，明亮的月光穿过海水照在夏威夷短尾乌贼身上，会在海底形成一个巨大的阴影，夏威夷短尾乌贼的猎物一旦看到阴影就知道天敌来了，会马上逃跑。为了解决这个问题，费氏弧菌和夏威夷短尾乌贼形成了上述共生关系，特别是发光细菌本身的社会形态，就是因此演化出来的。这种发光细菌聚集在夏威夷短尾乌贼的肚子里发光，恰好能够照亮夏威夷短尾乌贼在海底形成的阴影区，消除这块阴影。这样一来发光细菌就帮助乌贼更好地隐藏，让夏威夷短尾乌贼能像隐形轰炸机一样，悄悄地接近猎物。

◆夏威夷短尾乌贼

美国普林斯顿大学的生物学家邦妮·巴斯勒为我们揭示了它背后的生物学原理。简单来说，每个发光细菌都会持续产生并向外界释放一种叫n-酰基高丝氨酸内酯（AHL）的化学信号分子，当环境中有一大群同类细菌存在，群体密度高时，信号就会变得非常强，通过生物化学反应，让细菌开始产生荧光素酶把自己“点亮”。费氏弧菌的例子告诉我们，做个“独行侠”当然也可以繁衍生息，但更复杂、更高级的事情必须在一起才能做到。夏威夷短尾乌贼也会定期把自己体内的多余细菌给排泄出去，而这些细菌也恰好借此机会进入更多的新生夏威夷短尾乌贼体内，实现了自己的传宗接代。这种生存方式让这两种生物都得到了更多的实惠，实现共赢。

$$\underset{\text{还原态黄素单核苷酸}}{FMNH_2} + \underset{\text{长链脂肪醛}}{R\text{-}CHO} + \underset{\text{氧分子}}{O_2} \xrightarrow{\text{细菌荧光酶}} \underset{\text{黄素单核苷酸}}{FMN} + \underset{\text{长链脂肪酸}}{R\text{-}COOH} + \underset{\text{水}}{H_2O} + \text{光}$$

◆发光细菌机理图

早期生物在慢慢“繁荣”起来以后，就势必会遇到自己的“死敌”。在面对“死敌”的时候，生物会选择进化。让我们看看细菌群体间是如何通过信息传递来抵抗人类发明的抗生素吧。

1928年亚历山大·弗莱明发现了青霉素，开启了抗生素拯救人类的历史。然而，在这个抗生素使用了几年之后，一些金黄葡萄球菌为了生存，被迫进化出专门降解抗生素的β-内酰胺酶。没过多久，约50%的金黄葡萄球菌感染者用青霉素治疗已经无效了。

研究者们发现，在实验室条件下，大肠杆菌对达到最低致死浓度1000倍的抗生素产生耐药性，仅需10天。当研究人员换一种抗生素后也观察到类似的现象。而人类发现一种新的抗生素，少则需要一两年，多则需要一二十年。更要命的是，从1990年以来，人类几乎没有发现新的抗生素了。2017年9月，世界卫生组织确认并宣布，世界的抗生素濒临枯竭。

科学家们非常好奇：细菌究竟是如何在有抗生素存在的情况下产生耐药性的？2019年，来自法国国家健康与医学研究院（INSERM）的科学家，终于揭开了这个几乎自抗生素诞生之日起，就挥之不去的“耐药性”问题。

细菌有个独特的小圆环状DNA，它叫质粒，可以在细菌之间自由转移。细菌为了让耐药性便于在细菌之间传递，就把耐药相关基因保存在了质粒上。质粒这个巧妙的DNA，让很多细菌不再惧怕抗生素。不过科学家也从这种耐药性传递方式中发现了破绽。

质粒虽然能在细菌之间传递耐药基因，但是基因生产出能对抗抗生素的蛋白质，需要一个很长的过程。如果想办法阻断细菌与耐药蛋白质的合成，耐药性的传递就无法施行。四环素就是这样一种抗生素。从理论上讲，四环素能消灭所有对四环素没有耐药性的细菌，即便是不耐药的细菌临时从耐药菌那里获取了有耐药基因的质粒。但科学家发现，实际情况并不是这样：即使四环素一直存在，没有耐药基因的细菌一旦得到耐药质粒之后，细菌就产生了耐药性。

法国国家健康与医学研究院的克里斯丁·莱斯泰兰研究组为了观察细菌耐药性产生的全过程，首先开发了一个荧光显微成像系统，以便在单细胞水平视觉下跟踪携带耐药基因质粒的转移。研究发现，大肠杆菌利用质粒上的耐药基因，合成了一个四环素分子泵TetA，这个泵专门负责把进入细菌体内的四环素抽到体外，这样细菌的生长就不受四环素的影响了。利用这个荧光显微成像系统，研究者观察到在四环素暴露的条件下，当携带耐药基因的质粒，从耐药菌中转移到不耐药菌体内时，不耐药的细菌很快就出现了四环素分子泵TetA。

好了，这下我们了解到了我们“祖先”在面对灾难时所拥有的一些安身立命的“绝技”。

5.3 环境与性别决定

在经历了“抱团”“共生”“进化”之后，生物来到了更高级的有性生殖阶段。有性生殖能够加速物种的进化以更好地适应环境而生存、繁衍。

人类的性别由性染色体决定，通常为XY、XX组合，分别代表男、女，这种类型称为基因型性别决定模式。在人和其他大部分动物中，雌性是同型配子（XX），而雄性则是异型配子（XY）。但鸟类的雌性通常是异型配子，而雄性则是同型配子。

现在还有很多生物保留着相对较早的性别决定模式：环境条件决定性别模式。这种模式在面对不同环境时，可以在相当程度上保证物种的延续。缺雄性，就“变出”雄性。

科学家们发现了一些受环境影响能够改变性别的物种和有关基因。在一定条件下雌雄个体相互转化的现象称为“性反转”，常见于鱼类中。比如：黄鳝的性腺，从胚胎到性成熟是卵巢，产卵后的卵巢慢慢转化为精巢，每条黄鳝一生都要经历雌雄两个阶段。除了这种固定模式的性反转外，老的雌鳗鱼有时会转变为雄鳗鱼，成熟的雌剑尾鱼会出其不意地变成雄剑尾鱼。由发育时期某一阶段的温度、光照或营养状况等环境条件来决定性别的情形称为环境条件决定性别模式。

又如，一些水生丹螺的幼体落在雌性成体壳上时，发育为雄体；如果雄性成体壳上有其他幼体着落时，下面的雄体会转变为雌体，上面的幼体则发育为雄体。

后螠的性别取决于幼虫固着的地点。雌后螠是一种海生的、定居在石上的动物，体长约10厘米。当后螠幼虫固着于石头表面时将发育为雌性，但相同的后螠幼虫如果固着于雌性后螠的管状鼻上，将发育为雄性，体长约1～3毫米。雄后螠将会在雌后螠的体内度过一生，并使雌后螠的卵子受精。

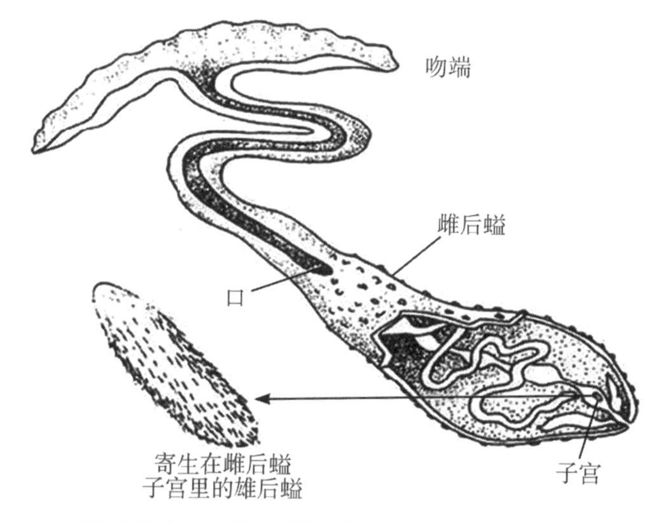

◆雄后螠寄生于雌后螠子宫

根据位置决定性别的又一经典例子便是拖鞋样蜗牛，有机体的位置会影响它们的性别。拖鞋样蜗牛的大量个体彼此向上堆积，形成一个丘墩。年幼的个体总是雄性。在此之后雄性的生殖系统退化，进入不稳定期。这时根据它们在丘墩中的位置，或为雄性，或为雌性。在它们变成雌性后，将被位于其上方的雄性受精，然而，一旦某一个个体变成雌性，它再也不会转变成雄性。

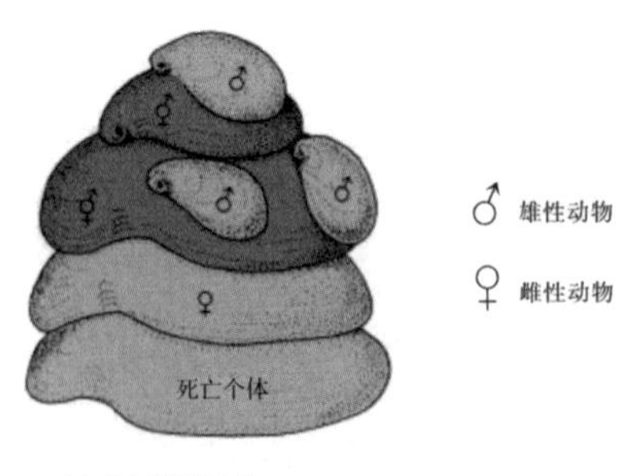

◆拖鞋样蜗牛

而我们最熟悉的爬行类动物乌龟和鳄鱼主要是由温度决定性别。鳄鱼卵在30 ℃及以上温度孵化时，全为雌性；32 ℃时孵化出的雄性占85%，雌性占15%；孵化期第二周至第三周是胚胎的性别决定期。乌龟卵在20 ℃~27 ℃条件下孵出个体为雄性，在30 ℃~35 ℃孵出个体为雌性。

最早的温度依赖型性别决定现象的发现是在20世纪60年代，法国动物学家玛德琳·夏赫尼耶发现一种漂亮的彩虹飞蜥，研究这种飞蜥的卵后，她发

◆彩虹飞蜥

现，外界温度不同，孵出来的小蜥蜴的性别比例也会相应变化。于是她发现了温度依赖型性别决定现象。随后这方面的科学研究集中到龟类上，例如红耳龟是国内家养龟的常见品种，这种龟在温度30~33 ℃的时候，卵里孵出来的绝大部分是雌性的，如果温度在23~27 ℃，卵孵出来的绝大部分是雄性。

◆红耳龟

在20世纪90年代后期，科学家发现了几个决定龟类性别的基因（*dmrt1*，*sox9*，*amh*）。这些基因到底怎么起作用呢？来自浙江万里学院的钱国英、葛楚天教授团队在《科学》杂志上发表的研究论文，解开了温度依赖型性别决定现象研究中长达数十年的谜团。钱国英、葛楚天团队首先发现了一个组蛋白去甲基化酶（KDM6B）。当温度变化时，KDM6B先感受到，然后把扣在性别分化基因上的甲基化“帽子”摘掉，决定性别的基因被启动并发挥作用。如果用

RNA干扰KDM6B，原本长成雄性的小龟胚胎，会有80%~87%的概率向雌性逆转。

人们一直认为在6500万年前，非鸟类恐龙和其他依赖温度决定后代性别的物种是受到火山爆发或陨石撞击影响而灭绝的，但发表在《生物学书简》（*Biology Letters*）的研究对这一假设提出了质疑。

科学家对美国蒙大拿州地狱溪地层和塔洛克地层中的62种动物化石记录进行了研究，统计物种在距今6500万年前的白垩纪与第三纪之交的生存情况。这些物种包括蝾螈、青蛙、蟾蜍、龟、蜥蜴、袋鼠、鳄鱼等。研究者判断这62种物种中有46种是由基因决定性别的，16种是由温度决定性别的。令人意想不到的是，16种由温度决定性别的物种里有14种能够存活到古新世早期。相反，由基因决定性别的物种有61%在这时期以前灭绝了。为什么面对距今6500万年前的那场灾难时，由温度决定性别的物种会比由基因决定性别的物种存活得更好？

恐龙出现于三叠纪中晚期，发展到侏罗纪时期开始统治地球，到最后在距今6500万年前，即白垩纪末期消失。在恐龙生活的时代，地球的平均温度约为31 ℃~38 ℃，恐龙卵靠自然孵化就能进行繁衍，孵化温度应在37 ℃左右。在恐龙生活的时代，自然环境在不断变化，其中最主要的就是温度下降，在经历了一些波动后，白垩纪末期的温度比恐龙繁盛时期低了20%左右。

温度由暖变冷是对所有物种的考验，为了适应环境的变化和抵御寒冷，一些动物进入沉积物或在洞穴内冬眠，如鳄鱼。有些动物体毛变长、变密来保存体温，如家禽。存活下来的海龟和鳄鱼可以钻到沉积物中并埋蛋，确保自然孵化，幼崽也能熬过冬天。恐龙由于没有孵蛋和埋蛋的习性，当气候变冷时，温度就会导致恐龙孵化出来的后代性别比例失调。同时植物也受到温度影响，恐龙的食物越来越少，体形逐渐变瘦，蛋壳变薄，孵化率降低。

1995年，美国古生物学家马克·诺雷尔在蒙古乌喀托哈荒芜的戈壁沙漠上发现了原角龙胚胎化

◆原角龙胚胎化石

石；诺雷尔团队确认，这些古老的恐龙蛋是软壳的。2011年，智利科学家在南极发现了一枚像泄了气的足球的神秘化石（见下图）；直到2018年，得克萨斯大学奥斯汀分校的研究人员才判定，这是一个巨大的软壳蛋，距今约6600万年；它长约29厘米，宽约20厘米，是迄今发现的最大的软壳蛋，被命名为*Antarcticoolithus*。名字来源于南极大陆和古希腊语中蛋和石头的意思。*Antarcticoolithus*是有记录以来最大的蛋之一。科学家推测它应该属于一种已灭绝的巨型海洋爬行动物，比如沧龙。这两项研究在同一天登上《自然》杂志。恐龙经过近一万年的挣扎，最终走向了灭亡。

◆南极发现的软壳蛋化石

5.4 神经细胞的学习与记忆

在经历很长时间的、稳定的有性生殖后，我们的祖先达到了一个新的进化高度——神经细胞的形成。而神经细胞的“抱团”和“进化”形成大脑则直接促使了高等动物的进化。神经细胞的形成，可以帮助高等动物进行学习和记忆。

我们可以这样简单理解神经细胞是如何进行学习和记忆的：我们可以把自己的大脑看成是一个超大规模的集成电路，里面有一千亿个元件。这些元件之间还产生了一百万亿个连接，这些基本元件就是神经细胞，其主要功能就是在细胞之间传输生物电信号和化学信号，单个的神经细胞是几乎没有任何功能的。所以，分工能让细胞变得专业、团结，甚至产生新的功能，这让生命的形态变得越来越丰富与复杂，让生物能够使用的生存策略变得越来越神奇。

在受精卵不断分裂繁殖和分化的过程中，大量的神经细胞就被制造出来了，然后长出长长的突起，与其他神经细胞搭在一起产生联系。这个时候，大脑里已经密密麻麻地堆积起了海量的神经细胞。那些细长

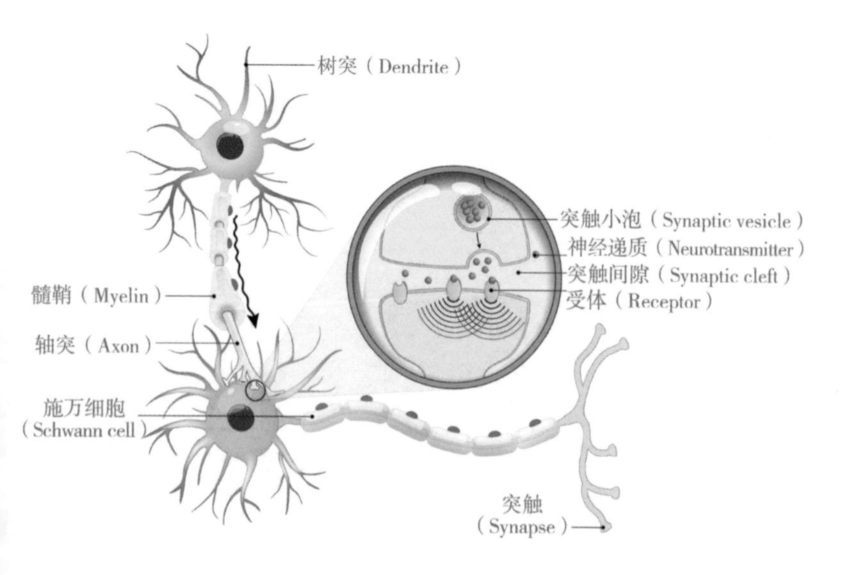

◆神经元通信

的轴突是怎么伸展出去，准确地找到目标，并且建立联系的呢？人体内最长的轴突，可能要从脊椎的位置一直延伸到脚趾部位，长度可能超过1米。它们到底是怎么完成如此精确的定位的呢？

信号分子会产生各种信号，让轴突那小小的尖端能够按照预设的方式生长。等到生长到目标部位后，就会和当地的神经细胞建立联系，即建立电路连接。最后是大脑完善，该过程不是依靠新东西的加入来完成，而是靠删除没用的或者错误的旧东西来完成。比如，在人类发育的过程中，特别是青春期前后，大脑中神经细胞的总数量将达到千亿的量级；在此之后，就几乎不再有新的神经细胞加入。所以，大脑中的神经细胞在青春期后是在缓慢减少的。将会有接近一半的连接消失。这说明人类大脑发育完善和积累经验的过程主要是靠原有连接的消失来完成的，而不是靠增加新细胞或者新连接。

在20世纪60年代，大卫·休伯尔和托斯坦·维厄瑟尔研究发现，如果从出生开始，把小猫的一只眼睛封起来，让它看不到光，经过几个月后再打开，这只眼睛就再也看不见东西了，尽管眼睛的各种结构还是完好无损的。也就是说，在没有光线刺激的环境下，大脑的神经系统失去了分析视觉信号的能力。这个例子说明环境里面的光信号，对大脑处理视觉信息功能的完善和发展，是十分必要的。

以此类推，大脑的其他功能，比如语言、运动、情绪、学习，其实也都需要在和环境的持续互动中才能完成。就这样，在这个伟大工程完工之后，人类大脑这台智慧机器才能更好地运行。

5.5 细胞智慧研究的宏伟规划

人类对细胞的研究具有悠久的历史，自1665年英国科学家罗伯特·胡克发现细胞以来，人类对细胞进行分类的尝试亦持续了百年。从光学显微镜到电子显微镜再到荧光原位杂交技术，这些技术的进步使生物学家们获得了骄人的研究成果，如对造血功能、免疫系统及视网膜神经元的深入研究。

然而，我们对细胞类型的了解仍然不够深入。现有的分类乃是基于不同的标准，如形态、分子和功能，这使得不同分类下的细胞种类往往无法互相关联。迄今为止，唯一已知的、从单个受精卵到成年体的完整细胞谱系树属于线虫，它是透明的，且只包含1000个左右的细胞。

从概念上来说，我们面临的一个挑战是缺乏对细胞类型和细胞状态的严格定义。这两个概念的分界模糊不清，因为细胞时时处于动态变化之中，可能与我们所知的定义相差甚远。数据驱动的理论将很大可能推翻我们原有的观念，许多概念可能被重新定义。

近年来，创建一个系统性的、能够对人类细胞进行高度分类的细胞图谱逐渐有了实现的可能性。

人类细胞图谱（Human Cell Atlas，HCA）计划是一个大型国际合作项目，致力于建立一个健康人体所包含的所有细胞的参考图谱，其中包括细胞类型、数目、位置、相互关联与分子成分等。这是集结全世界优秀的生物学家、技术设备专家、病理学家、内科医生、外科医生、计算机科学家、统计学家等，提出的一个具有划时代意义的国际合作大项目。美国太平洋时间2017年10月16日，"人类细胞图谱计划" 首批拟资助的38个项目正式公布。

如何构建人类细胞图谱？初步估计，人体至少有37.2万亿个细胞，HCA项目的主要贡献是建立了人类发育细胞图谱（Human Developmental Cell Atlas，HDCA）子项目，生成人类所有发育阶段的参考细胞图谱，并在2011年绘制出迄今为止最完整的人类大脑基因图谱的"艾伦脑图谱"（Allen Brain Atlas）和美国国立卫生研究院（USA National Institutes of Health）的"大脑计划"（Brain Initiative）相辅相成，完整建立大脑和神经系统所有类型和亚型细胞目录。

人类大脑大约有1000亿个神经元，人类并没有弄清楚它们的连接关系，以及连接错误后导致的精神错乱或严重的神经性疾病。全球人口老龄化时代的临近，阿尔茨海默病、帕金森综合征及亨廷顿病等神经衰退性疾病日益成为人类的健康负担，人类迫切地希望了解“大脑是如何工作的”。

2013年4月2日，时任美国总统奥巴马宣布启动脑科学计划，欧盟、日本随即予以响应，分别启动欧洲脑计划及日本脑计划。2018年，“脑科学与类脑科学研究”，即“中国脑计划”，作为重大科技项目被列入国家“十三五”规划。在“十三五”时期，脑科学与类脑研究被纳入“科技创新2030”重大项目。该计划以脑认知原理为主体，以类脑计算与脑机智能、脑重大疾病诊治为两翼，搭建关键技术平台，抢占脑科学前沿研究制高点。2018年3月22日，北京脑科学与类脑研究中心挂牌成立。北京大学、清华大学、北京师范大学、中国医学科学院、中国中医科学院等8家研究单位共同签署了《北京脑科学与类脑研究中心建设合作框架协议》。

从目前各国已经启动的“脑计划”来看，美国更侧重于研发新型脑研究技术；欧盟则主攻模拟大脑和脑疾病的病理；“中国脑计划”则更加全面，融合了上面三个不同层面的相关内容。

“中国脑计划”主要有两个研究方向：以探索大脑秘密、攻克大脑疾病为导向的脑科学研究及以建立和发展人工智能技术为导向的类脑研究。“中国脑计划”主要解决对大脑三个层面的认知问题：

（1）大脑对外界环境的感官认知，即探究人类对外界环境的感知，如人的注意力、学习记忆等。

（2）对人类及非人灵长类自我意识的认知，通过动物模型研究人类及非人灵长类的自我意识、同情心，以及意识的形成。

（3）对语言的认知，探究语法及广泛的句式结构，用以研究人工智能技术。

各国“脑计划”的研究是一个涉及多种学科融合、多个部门合作的大科学项目。它对我们更好地了解人类的大脑如何工作、认识人类心理及神经性疾病大有裨益。各国“脑计划”的启动和进展必将强力推动人类的发展和“进化”，从而将以细胞智慧为基础的人类应对环境变化的能力发挥到极致。

“中国脑计划”对我国基础脑科学技术研究平台的发展有很大的帮助。该计划涉及神经标记和神经环路示踪技术、大脑成像技术、神经调节技术、神经信息处理平台等方面。此外，该计划有望建立一个有关脑图像的国家级平台、一个有关大脑功能失调的血液生物库和大脑生物库及大脑健康训练和教育中心，对于基础脑科学研究来说，由此带来的长尾效应非常明显。神经生物学家蒲慕明教授强调，中国执行脑计划拥有诸多方面的优势，例如中国灵长类动物种类和数量都非常丰富，在非人灵长类脑疾病模型的研究上也处于世界领先地位。

“中国脑计划”对国民健康的益处也非常多，它可以帮助人类探索大脑疾病的相关机理。该计划一旦落实，未来有望通过分子、影像及相关标记物来诊断和干预早期大脑疾病；通过对大脑疾病的遗传、表观遗传及病理性功能失调等方面的研究，掌握大脑疾病的发生机制。常见的脑功能障碍疾病，如自闭症、心理障碍、抑郁症、上瘾及神经衰退性疾病阿尔茨海默病、帕金森综合征等疾病是这项计划首先要攻克的目标。